南京水利科学研究院专著出版基金资助

海上风电机组基础
冲刷与防护

张磊　华厦　著

海洋出版社

2024 年 · 北京

图书在版编目（CIP）数据

海上风电机组基础冲刷与防护 / 张磊，华厦著.
北京：海洋出版社，2024.12. -- ISBN 978-7-5210
-1448-8

Ⅰ. TM315

中国国家版本馆 CIP 数据核字第 2025Q5Y996 号

责任编辑：高朝君
助理编辑：吕宇波
责任印制：安　森

海洋出版社　出版发行

http://www.oceanpress.com.cn

北京市海淀区大慧寺路 8 号　邮编：100081
涿州市般润文化传播有限公司印刷　新华书店经销
2024 年 12 月第 1 版　2024 年 12 月第 1 次印刷
开本：880mm×1230mm　1/32　印张：3.875
字数：93 千字　定价：88.00 元
发行部：010-62100090　总编室：010-62100034
海洋版图书印、装错误可随时退换

目 录

第1章 概　论

1.1　引言

　　距离我国第一个商业化海上风电项目——上海东海大桥海上风电场的开发已经过去了 15 年。近年来，风电产业快速发展，已成为战略性新兴产业之一，是我国清洁能源发展战略的重点方向。2016 年 11 月，国家能源局发布的《风电发展"十三五"规划》确立了到 2020 年全国海上风电开工建设规模达到 $1\,000 \times 10^4$ kW，力争累计并网容量达到 500×10^4 kW 以上的发展目标。2019 年 9 月底，我国海上风电行业实现了累计并网容量 503.54×10^4 kW，提前 15 个月完成了"十三五"装机目标。《"十四五"可再生能源发展规划》进一步提出在东部沿海地区积极推进海上风电集群化开发，优化近海海上风电布局，并大力推动海上风电向深远海发展。截至 2023 年年底，中国海上风电累计装机规模已达到 37.7 GW，约占全球累计海上风电市场份额的五成，连续三年位居全球首位。此外，海上风电机组的单机容量持续增大，从 1.5 MW 到 8 MW 并网发电用了 13 年的时间，而从 8 MW 机组到 16 MW 机组仅用了 3 年左右。2023 年，单机容量达 18 MW 的海上风电机组已经在广东完成吊装。

　　与中国 15 年的海上风电开发历程相比，欧洲海上风电业经历了更长的发展时期，从最初的试点项目到第一批真正意义上的大型海上风电项目耗时约 20 年。因得益于欧洲海上风电业发展的成功经验，中国的海上风电开发积极学习并借鉴了欧洲海上风电业的经验和先进技术。在此基础上，中国在开发过程中充分考虑了本土海洋环境的特点，形成了独立的海上风电投资咨询、勘测设计、建设、运维等技术体系。

目前，除了少数漂浮式海上风电试点项目，大多数海上风电场主要依靠固定的基础结构立足于海上。海上风电基础的稳定性和可靠性对于其他风电设备的安装和运行至关重要，这也对海上基础的稳定性提出了更高的要求。矗立于海中的风电基础受到水动力作用的影响，其周围会发生局部冲刷现象，导致风电机组桩柱基础承受的水平荷载增大。严重的情况下，可能威胁风电结构的安全性。因此，在海上风电建设中，专门研究基础结构在水动力作用下的泥沙冲刷与防护问题是十分必要的。

按照海洋水深（理论基面）条件，海上风电场可分为潮间带风电场、近海风电场及深海风电场。水深在 5 m 以内的通常属于潮间带风电场；水深为 5~50 m 的通常属于近海风电场；水深大于50 m 的为深海风电场。目前，我国建成的海上风电场水深基本在30 m 以内。

1.2　海上风电基础结构形式

海上风电机组主要由塔头、塔架和基础三部分组成。其中，基础是连接海床的关键结构，它位于风力机塔筒底部直至进入海床的部分，是与地基接触的主要承重构件。目前，海上风电基础结构主要有以下几种类型（严新荣 等，2024；许移庆 等，2020；邱颖宁 等，2018；王伟 等，2014；陈达，2014），各自特点如表1.1 所示。

表 1.1　海上风电基础特点

基础结构类型	水深/m	海床条件	案例
高桩承台基础	0~20	无要求	上海东海大桥海上风电场
单桩基础	0~25	不适合软土与岩层	湛江外罗海上风电场
重力式基础	0~40	不适合软土	Nysted Thornton Bank 丹麦海上风电场
三脚架基础/ 三桩式基础	0~50	不适合软土与岩层	Bard Off-shore 1 丹麦海上风电场
导管架式基础	0~50	无要求	英国 Beatrice 海上风电场
负压筒式基础	0~50	不适合砂质海床与岩层	江苏响水海上风电场
漂浮式基础	≥50	无要求	海南"海油观澜号"

（1）高桩承台基础

高桩承台基础是指将多根直径较细的桩打入海床，在其上方（水面附近）安装混凝土承台。这种基础对横向荷载抵抗力强，具备较高的抵抗水流、波浪的能力，且沉降量小，比较适合淤泥较深、浅层地基承载力较弱的海域。我国上海东海大桥及临港海上风电场均使用了高桩承台基础结构（图 1.1）。

图 1.1　高桩承台基础结构示意

3

（2）单桩基础

单桩基础是将一根大直径钢管桩打入海床，其直径一般为 3.5~8.0 m。单桩基础对横向荷载抵抗力较差，但制造简单、安装便捷、节省材料，是我国目前应用最广泛的基础形式。单桩基础的使用主要受限于长度过长时基础的刚度和稳定性无法满足要求，因此主要适用于水深小于 25 m 的海域。单桩对水流的阻碍作用使得附近海床容易冲刷，因此需要对单桩基础冲刷进行必要的防护。图 1.2 为风电机组单桩基础结构示意。

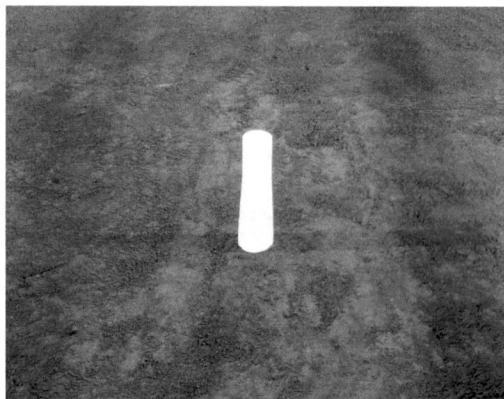

图 1.2　单桩基础结构示意

（3）重力式基础

重力式基础由钢筋混凝土浇筑而成，体积和重量大，主要依赖自身重力保持稳定，以抵抗风电机组荷载和各种环境荷载作用。这种基础一般不打入海床，仅需对海床做平整等处理。重力式基础结构抗震能力较差，且由于体积和重量大，对加工、运输和安装要求高。目前，我国尚无此类基础的实际应用。

（4）三脚架基础/三桩式基础

三脚架基础/三桩式基础是由 3 个可插入海床的钢桩通过斜

撑结构支撑风力机塔筒，其结构稳定，适用于比较坚硬的海床，防冲刷效果较好。

（5）导管架式基础

导管架式基础是由 3 根或 4 根圆柱形钢管及大量细钢管组成的格架结构，类似于传统石油钻井平台，通过结构各个支腿处的桩打入海床。导管架式基础的特点是基础整体性好，承载能力强，对海域地质条件要求不高。

（6）负压筒式基础

负压筒式基础是一个底部敞开、倒置于海底的钢制筒，通过抽出沉箱中的水形成吸力压，从而使筒体压入底床。图 1.3 为风电机组负压筒式基础结构示意。

图 1.3　负压筒式基础结构示意

（7）漂浮式基础

漂浮式基础是采用系缆锚固在海底后漂浮在海面上的平台，通过基础自重力、浮力和系缆力之间的平衡来维持风电机组基础结构的稳定。

1.3 基础附近水流变化

海上风电基础已经告别了小直径模式，目前单桩基础结构的直径大部分都超过 3.5 m。在大直径基础的影响下，桩柱附近水流结构将发生改变，进而引起基础桩柱附近海床的局部冲刷。

海上风电基础尺寸较大，海流在前进方向受到基础结构的阻碍，促使基础桩柱迎水面的海流瞬间"停滞"，海流行进速度为 0，水体动能转化为驻点压力，引起基础桩柱前海流下潜，水位壅高，瞬间的水位差使水体沿圆柱面向两侧绕流，形成马蹄形漩涡。基础桩柱两边的绕流绕过桩柱后，在桩柱背流面交汇并融为一体，形成尾流漩涡。图 1.4 展示了海中桩柱结构附近的表面流态。

图 1.4 海中桩柱结构附近的表面流态

1.4　基础附近海床变化

基础附近海床变化主要包括海床自然冲淤演变和基础局部冲刷两部分。

我国海域海床底质多样且混杂，主要有基岩、砂质、淤泥质及混合泥沙底质，不同的底质条件对应不同的海流、波浪和来沙等条件。受人类活动、气候变化等因素影响，原本维持冲淤平衡的海流和波浪条件发生改变，继而产生海床的自然冲淤变化，一般称为普遍冲刷（淤）。海床自然冲淤演变对海上风电场的区位布置有重要影响，在研究基础局部冲刷时需要考虑这部分冲淤变化。

风电基础局部冲刷的形成与桩柱局部水流和波浪结构变化有关，海流下潜、绕流及漩涡的形成导致局部冲刷坑的出现。基础附近的局部冲刷坑与基础桩柱尺寸、形状、海流波浪的强度及海床泥沙特性密切相关。现今海上风电基础主要使用单桩及高桩承台基础结构，单桩结构形状相对规则，局部冲刷基本形成"勺状"冲刷坑，图 1.5 为单桩基础局部冲刷坑形态，高桩承台基础结构冲刷坑形状更复杂。

图 1.5　单桩基础局部冲刷坑形态

海床的普遍冲刷与风电基础局部冲刷的机理不同，但两者对于海上风电基础附近海床的变化都十分重要。在研究中需要明确区分这两个概念，采用不同的模拟试验方法开展研究。

1.5 海上风电基础冲刷模拟

在海上风电基础冲刷模拟研究中，需要准确地模拟海洋水动力及泥沙运动过程，物理模型和数学模型是两种主要的研究手段。尽管在过去十年中数学模型取得了显著进展，但仍有一些复杂的物理机制和模型参数需要通过现场观测或物理模型试验来获得。特别是在某些工程动力、地形和岸线条件较为复杂的情况下，更为直观的缩尺物理模型可能是更合适的选择。可以预见，在未来数十年内，泥沙冲刷的物理模型将在近海风电基础冲刷的研究中发挥重要作用。

海上风电基础局部冲刷是一个三维问题，垂向水流以及马蹄形漩涡水流运动是决定冲刷深度及形态的主要因素。这一问题的研究目前主要依赖于正态动床物理模型来实现。由于受到模型沙的选择及试验设备限制等因素的影响，往往采用系列物理模型进行研究。

1.6 海上风电基础冲刷防护

海上风电基础局部冲刷发生后，会增加暴露在海水中的基础桩柱长度，进而使桩柱受力发生变化，影响海上风电桩柱结构的稳定性。在严重的情况下，甚至可能发生风电基础倾覆。因此，需要对海上风电基础冲刷严重的部位采取防护措施。

在海洋工程实践及国内外研究中，最常见的海洋基础结构防冲刷措施可分为两大类：消能减冲和护底抗冲。近年来，随着技术的发展和观念的转变，对仿生生态海底防冲刷技术（朱嵘华 等，2024；刘锦昆 等，2009）展开了广泛研究。张磊等（2018）基于物理模型试验研发了一种特别适合海上桩柱基础的生态防护技术。

1.7 海上风电未来发展

海上风电已经成为我国能源结构转型的重要战略支撑。2016—2023 年，全国海上风电累计装机容量从 $162×10^4$ kW 增长至 $3\,770×10^4$ kW，稳居全球首位。结合各省市"十四五"海上风电开发目标与全球风能理事会（GWEC）的预测，预计到 2027 年，中国海上风电装机容量将达到 $7\,739×10^4$ kW。由此可见，海上风电规模将持续增长，同时随着海上风电项目投入运营，桩基冲刷防护的需求也将激增。

江苏省作为风电大省，特别是在沿海地区，已出台多项政策支持海上风电项目的发展。例如，《江苏省"十四五"海上风电规划》中明确提出要加强风电设施的防腐蚀、防冲刷设计，并鼓励采用新技术和新材料，这体现了有关部门对风电基础防护工作的高度重视。

随着技术的发展和近海风电开发技术的成熟，海上风电将向复杂海域和深远海发展，对海上风电基础的稳定性要求越来越高。因此，对海上风电基础冲刷防护的研究也需要进一步深入，以确保风电基础可靠、稳定。

第2章 风电场海域动力特征

2.1 近岸海流

近岸海水由于受外海潮波、风、热辐射、冷热、气压以及泄流、地理因素等影响而产生的流动，称为近岸海流。发生在大洋的一般称为洋流(高宗军 等，2016)。

近岸海流流动形式很多，按照其生成原因可以分为以下4种。

(1)潮流

潮流是由天体(日、月)的引潮力所产生的周期性海水流动。潮流可分为半日潮流、混合潮流和全日潮流3种。按照潮流流向变化，可分为旋转流和往复流。

潮位在上升过程中的海水水平运动称为涨潮流，潮位在下降过程中的海水水平运动称为落潮流。在近岸海峡、入海河口、海湾湾口及与海岸邻近的海域，潮流具有往复流特征。在距陆地较远、海域宽广的外海区，海水受引潮力和地球自转偏转力的影响，北半球的潮流作顺时针旋转运动。

(2)漂流和风海流

在广阔的大洋中，由于长期的风力作用产生的海水流动称为漂流，这种海流的流向几乎年年相同，平均流速几乎保持不变。

在近岸，因风的切应力作用于海面而产生的水流称为风海流，也叫风吹流。

（3）波浪流

波浪运动衍生的流即为波浪流，包括波浪震荡流、波浪沿岸流、上冲流、裂流等。

（4）密度流

由于海水温度和盐度的分布不均匀，海域中水团密度的分布也不均匀，由此产生的海流称为密度流。

近岸海流一般以潮流和风海流为主。

2.2 潮流

2.2.1 潮汐

潮流和潮汐现象是同时产生的。潮汐现象是指海水在天体引潮力作用下产生的周期性运动，把海面垂直方向涨落称为潮汐，海水水平方向的流动称为潮流。

中国近海及毗邻海域的潮汐主要是太平洋潮波传入本海区的协振动，由月球、太阳引潮力在本海区产生的独立潮很小。太平洋潮波由许多周期不同、振幅各异的分潮组成，分潮数量很多，主要有太阴半日分潮（M_2）、太阳半日分潮（S_2）、太阴太阳合成全日分潮（K_1）、太阴全日分潮（O_1）。

从中国东部太平洋海域地貌形态看，太平洋潮波分两路传入中国近海：一路从日本九州与中国台湾之间进入东海；另一路从中国台湾与菲律宾吕宋岛之间的海峡进入南海。两路潮波进一步向岸传播，形成很多独特的潮振动，构成了中国近海潮波体系。

潮汐分类主要以周期长短来划分。根据太阴日内发生的潮汐次数和特征，潮汐分为以下4类。

①半日潮：在一个太阴日内(24 h 25 min)有 2 次高潮和 2 次低潮，邻近的高潮和低潮大致相等。

②混合不正规半日潮：在一个太阴日内有 2 次高潮和 2 次低潮，但 2 次高潮和低潮的潮差不等，涨潮时和落潮时也不等。

③全日潮：在半个月中，有连续 7 天以上的天数在一个太阴日内出现 1 次高潮和 1 次低潮，少数几天呈现半日潮现象，且潮差较小。

④混合不正规全日潮：在半个月内的大多数日子里为不正规半日潮，少数出现 1 个太阴日全日潮。

潮差是潮汐强弱程度的重要标志，平均潮差小于 2.0 m 为弱潮，大于 4.0 m 为强潮，2.0~4.0 m 为中潮。中国沿海潮差分布差异大，总趋势是东海最大，黄海、渤海次之，南海最小。东海以强潮为主，平均潮差为 1.7~5.5 m，杭州湾最大；南海为弱潮，平均潮差为 0.7~2.5 m。

2.2.2　潮流

潮流在各处是不同的，它主要取决于潮汐性质、海底深度和海岸形态。在大洋中部潮流流速小；浅海区潮流显著，流速大；海峡、海湾入口处潮流最强。渤海、黄海、东海及南海均有潮流流速大于 2.0 m/s 的海域，特别是东海一些水道，潮流流速最大可以达到 4.0 m/s。

潮流的运动形式有往复流和旋转流 2 种。往复流主要表现为在平面上沿一轴线方向的往复运动(见图 2.1 中的 2~4 号)，旋转流表现为潮流的运动方向在平面上随时间而逐渐改变(见图 2.1 中的 1 号)。

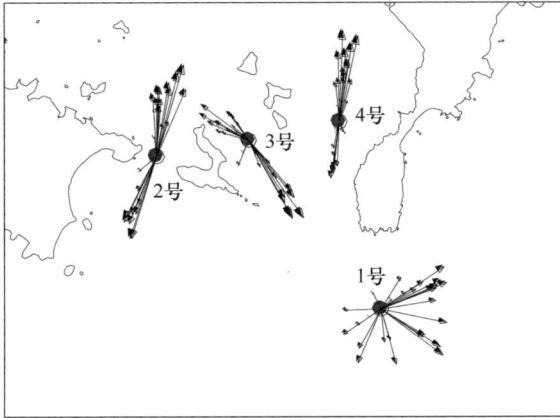

图 2.1　往复流和旋转流

2.2.3　海流可能最大流速

根据《港口与航道水文规范》(JTS 145—2015)(2022 年修订),对海流实测资料采用引进差比数的准调和分析方法进行调和分析,得出 O_1、K_1、M_2、S_2、M_4、MS_4 6 个分潮的调和常数和椭圆要素,并根据调和分析得到的分潮流调和常数进行潮流性质、最大可能潮流流速和余流等计算。

潮流性质可分为正规半日潮流和不正规半日潮流、正规全日潮流和不正规全日潮流,其判别标准为

$$F = \frac{W_{O_1} + W_{K_1}}{W_{M_2}} \qquad (2-1)$$

式中,W_{O_1}、W_{K_1}、W_{M_2} 分别为主太阴日分潮流、太阴太阳赤纬日分潮流和主太阴半日分潮流的椭圆长半轴长度(cm/s)。

当 $F \leqslant 0.5$ 时,为正规半日潮流;

当 $0.5 < F \leqslant 2.0$ 时,为不正规半日潮流;

当 $2.0 < F \leqslant 4.0$ 时,为不正规全日潮流;

当 $F>4.0$ 时，为正规全日潮流。

在潮流和风海流为主的近岸海区，海流可能最大流速为潮流可能最大流速与风海流可能最大流速的矢量之和。

（1）潮流可能最大流速

根据《港口与航道水文规范》（JTS 145—2015）（2022 年修订），对于正规半日潮流海域，潮流的可能最大流速可由式（2-2）计算：

$$\vec{V}_{max} = 1.295\vec{W}_{M_2} + 1.245\vec{W}_{S_2} + \vec{W}_{K_1} + \vec{W}_{O_1} + \vec{W}_{M_4} + \vec{W}_{MS_4}$$

$$(2-2)$$

对于不正规全日潮流海域和不正规半日潮流海域，潮流的可能最大流速可取以下两式计算后的最大值：

$$\vec{V}_{max} = \vec{W}_{M_2} + \vec{W}_{S_2} + 1.600\vec{W}_{K_1} + 1.450\vec{W}_{O_1} \qquad (2-3)$$

$$\vec{V}_{max} = 1.295\vec{W}_{M_2} + 1.245\vec{W}_{S_2} + \vec{W}_{K_1} + \vec{W}_{O_1} + \vec{W}_{M_4} + \vec{W}_{MS_4}$$

$$(2-4)$$

（2）风海流流速

在海流实测资料不足的情况下，风海流的流速可按下式估算：

$$v_u = KU \qquad (2-5)$$

式中，U 为风速；K 为系数，取 $0.024 \leqslant K \leqslant 0.030$。

2.3 波浪

波浪是近岸泥沙运动的主要动力之一，波浪运动受地形高低影响，会产生波浪震荡流、波浪沿岸流、上冲流、裂流等运动形式。

2.3.1 波浪理论

描述波浪运动的理论主要有微幅波理论和有限振幅波理论等，其中微幅波理论是最基础的波浪运动理论，对波动特性进行了清晰的描述。对于水深很浅的近岸，应采用浅水非线性波理论，主要有椭圆余弦波理论；椭圆余弦波的一个极限情况是孤立波，可应用孤立波理论。下面主要介绍微幅波理论。

Airy（1845）最早用数学描述周期性前进波，Airy 波理论有严格的应用条件，波高比波长和水深小，也被称为线性波或一阶波。

（1）Airy 方程

对海洋波浪来讲，黏滞性、表面张力和紊流影响小。图 2.2 显示了一个正弦波的波长、波高、波周期等基本参数。从静水位开始的自由表面高度 η 随着时间 t 变化，η 表示为

$$\eta = \frac{H}{2}\cos2\pi\left(\frac{x}{L} - \frac{t}{T}\right) \qquad (2-6)$$

式中，x 为水平方向坐标；t 为时间；T 为波周期；L 为波长；H 为波高。

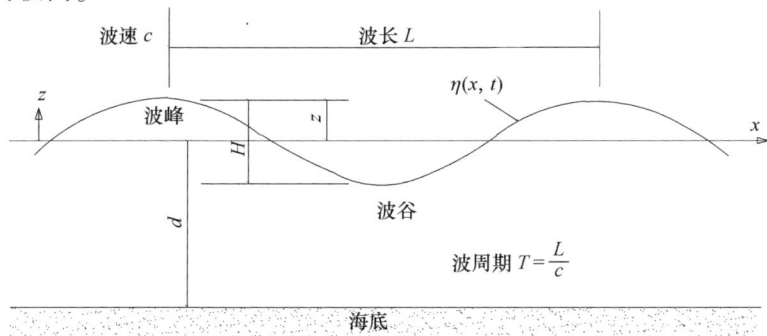

图 2.2　正弦波基本参数示意

15

相应的波速 c 为

$$c = L/T \qquad (2-7)$$

式中，c 为 x 方向波浪运动速度。方程(2-6)表示 Airy 波方程自由表面解，Airy 波方程源于拉普拉斯方程，这是一个简单的应用于水流的连续方程：

$$\frac{\partial u}{\partial x} + \frac{\partial \omega}{\partial z} = \frac{\partial^2 \phi}{\partial x^2} + \frac{\partial^2 \phi}{\partial x} = 0 \qquad (2-8)$$

式中，u 为 x 方向速度；ω 为 z 方向速度；ϕ 为速度势函数；$u = \partial \phi/\partial x$，$\omega = \partial \phi/\partial z$。

速度势函数解要满足上述的拉普拉斯方程，另外，这个解也必须满足底部和表面边界条件。在底床假设垂直速度 ω 为 0，并且任何表面水质点必须保持在表面，因此，

$$\omega = \frac{\partial \eta}{\partial t} + u \frac{\partial \eta}{\partial x} \quad (z = \eta) \qquad (2-9)$$

伯努利能量方程也满足

$$\frac{p}{\rho} + \frac{1}{2}(u^2 + w^2) + g\eta + \frac{\partial \phi}{\partial t} = C(t) \quad (z = \eta) \quad (2-10)$$

假设 $H \ll L$，$H \ll d$，在平均水面应用水动力边界方程，得到

$$\omega = \frac{\partial \eta}{\partial t} = \frac{\partial \phi}{\partial z} \quad (z = 0)$$

$$g\eta + \frac{\partial \phi}{\partial t} = 0 \qquad (2-11)$$

因此，得到势函数 ϕ，

$$\phi = -gH\left[\frac{T}{4\pi}\right]\frac{\cosh\left(\frac{2\pi}{L}\right)(d+z)}{\cosh\left(\frac{2\pi}{L}\right)d}\sin\left(\frac{2\pi x}{L} - \frac{2\pi t}{T}\right)$$

$$(2-12)$$

将上述结果代入方程(2-11)可以得到波速 c

$$c = \left(\frac{gT}{2\pi}\right)\tanh\left(\frac{2\pi d}{L}\right) \qquad (2-13)$$

（2）水质点流速、加速度和轨迹方程

根据上述水平和垂直速度方程和平均水位时质点速度，水质点水平位移 ζ，水平流速 u，水平加速度 a_x 如下：

$$\zeta = -\frac{H}{2}\left[\frac{\cosh k(z+d)}{\sinh kd}\right]\sin 2\pi\left(\frac{x}{L} - \frac{t}{T}\right) \qquad (2-14)$$

$$u = \frac{\pi H}{T}\left[\frac{\cosh k(z+d)}{\sinh kd}\right]\cos 2\pi\left(\frac{x}{L} - \frac{t}{T}\right) \qquad (2-15)$$

$$a_x = \frac{\pi H}{T}\left[\frac{\cosh k(z+d)}{\sinh kd}\right]\sin 2\pi\left(\frac{x}{L} - \frac{t}{T}\right) \qquad (2-16)$$

水质点垂直位移 ξ，垂直流速 ω，垂直加速度 a_z 如下：

$$\xi = \frac{H}{2}\left[\frac{\sinh k(z+d)}{\sinh kd}\right]\cos 2\pi\left(\frac{x}{L} - \frac{t}{T}\right) \qquad (2-17)$$

$$\omega = \frac{\pi H}{T}\left[\frac{\sinh k(z+d)}{\sinh kd}\right]\sin 2\pi\left(\frac{x}{L} - \frac{t}{T}\right) \qquad (2-18)$$

$$a_z = \frac{\pi H}{T}\left[\frac{\sinh k(z+d)}{\sinh kd}\right]\cos 2\pi\left(\frac{x}{L} - \frac{t}{T}\right) \qquad (2-19)$$

根据波浪所在海域的水深条件，把波浪分为深水波、有限水深波和浅水波。划分标准是相对水深，当水深足够大，水底不影响表面波浪运动，此种波浪称为深水波；当水深较浅，影响表面波浪运动时的波浪为有限水深波或者浅水波。划分有限水深波与浅水波的界限是 $\dfrac{d}{L} = \dfrac{1}{20}$，划分有限水深波与深水波的界限是 $\dfrac{d}{L} = \dfrac{1}{2}$。

在浅水条件下：$\dfrac{d}{L} \leqslant \dfrac{1}{20}$，水平方向和垂直方向流速分别为

$$u = \frac{\pi H}{Tkd}\cos 2\pi\left(\frac{x}{L} - \frac{t}{T}\right) \qquad (2-20)$$

$$\omega = \frac{\pi H}{T}\left(1 + \frac{z}{d}\right)\sin 2\pi\left(\frac{x}{L} - \frac{t}{T}\right) \qquad (2-21)$$

在深水条件下：$\frac{d}{L} > \frac{1}{2}$，水平方向和垂直方向流速分别为

$$u = \frac{\pi H}{T}e^{kz}\cos 2\pi\left(\frac{x}{L} - \frac{t}{T}\right) \qquad (2-22)$$

$$\omega = \frac{\pi H}{T}e^{kz}\sin 2\pi\left(\frac{x}{L} - \frac{t}{T}\right) \qquad (2-23)$$

（3）水深对波浪特征影响

在深水区域，因为 $\frac{d}{L} \geqslant \frac{1}{2}$，$\tanh kd \cong 1$，因此波速和波长方程变为

$$c_0 = \frac{gT}{2\pi} \qquad (2-24)$$

$$L_0 = \frac{gT^2}{2\pi} \qquad (2-25)$$

因此，深水波速和波长均由波周期决定。

在浅水区域，因为 $\frac{d}{L} \leqslant \frac{1}{20}$，$\tanh kd \cong 2\pi\frac{d}{L}$，因此波速和波长方程变为

$$c = \sqrt{gd} \qquad (2-26)$$

$$L = T\sqrt{gd} \qquad (2-27)$$

因此，浅水波速由水深决定，而不是由波周期决定；波长由水深和波周期共同决定。

在过渡水深，即深水和浅水之间的区域，$\frac{1}{20} < \frac{d}{L} < \frac{1}{2}$，在这

个区域，$\tanh kd < 1$，因此，

$$c = \frac{gT}{2\pi}\tanh kd = c_0 \tanh kd \qquad (2-28)$$

2.3.2　波浪泥沙运动理论

假设近岸泥沙仅受波浪动力作用，即对泥沙运动的影响主要是波浪振动。从波浪运动理论可以发现，泥沙运动受到波浪的水平轨迹速度和垂直轨迹速度的双重影响，由于波浪传播速度受水深变化影响很大，根据水深的不同，其轨迹速度分为 3 种状况，分别为深水区、有限水深区和浅水区。波浪运动对底部泥沙影响过程见图 2.3。

进入浅水区后，当波浪运动破碎时，形成破碎区泥沙运动，这是紊流条件下复杂的泥沙运动过程。波浪破碎后形成新的近岸流体系，包括沿岸流、冲流等，这些水流又携带泥沙运动。

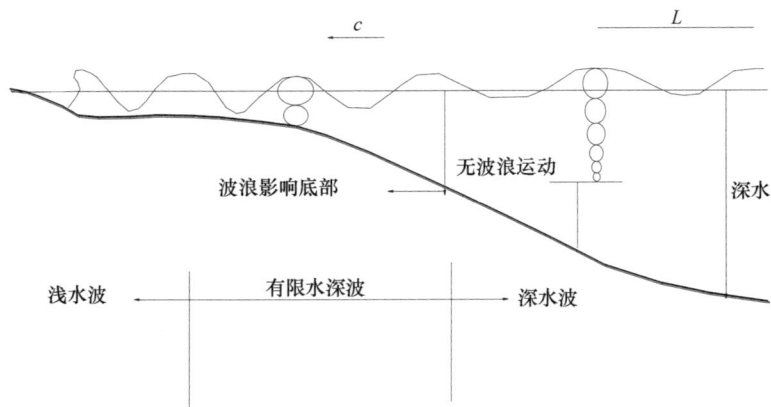

图 2.3　波浪运动对不同水深底部的影响

（1）深水泥沙运动动力

在深水条件下，$\dfrac{d}{L} > \dfrac{1}{2}$ 时，如果水深 d 无限大，根据双曲函数特性，$\tanh kd\big|_{kb\to\infty} \approx 1.0$，即波浪运动水平速度和垂直速度最大值相等，$u_m = \omega_m = \dfrac{\pi H}{T}e^{kz}$，其质点运动轨迹是圆形，随着水深不断增大，质点水平速度和垂直速度最大值不断变小，圆形轨迹越来越小，水深继续加大时，振动对底部泥沙几乎没有影响。

由于波浪水质点运动的振荡性，如果以波浪水平质点速度最大值考虑，因为最大值作用时间短，将会有泥沙很容易起动的错觉。实际上，深水区波浪振荡是前后对称的，向前、向后的泥沙运动近似相等，不会产生净输沙。当水深变浅，向前、向后的振荡逐渐不对称才会产生净输沙。

根据深水条件的临界水深 $\dfrac{d}{L} = \dfrac{1}{2}$，$u_m = \omega_m = \dfrac{\pi H}{T}e^{-\pi}$，则不同波高及周期条件下波浪水平质点速度计算如表 2.1 所示。受波周期决定的底部最大水平质点速度变化不是很大，其量值也非常小，很难达到底部泥沙的起动条件。

表 2.1　不同波高及周期条件下波浪水平质点速度计算

波高 H/m	周期 T/s	波长 L_0/m	质点速度 u_m /(m·s^{-1})	临界水深 h_0/m
1	6	56.2	0.034	28.1
2	6	56.2	0.048	28.1
2	8	99.9	0.048	49.9
3	7	76.5	0.059	38.3
3	9	126.4	0.059	63.2

20

（2）有限水深泥沙运动动力

在有限水深条件下，$\dfrac{u}{\omega} = \dfrac{1}{\tanh k(Z+d)} > 1$，水平速度分量大于垂直速度分量，波浪运动轨迹为椭圆形。随着水深不断增大，椭圆长、短轴越来越小，在底床附近，水平速度和垂直速度均不为 0，保有一定的值，且水平速度大于垂直速度，水深越浅，水平速度越大，垂直速度越小。此时的波浪振动对底部泥沙产生一定的影响，底部泥沙是否运动取决于振动速度是否满足底部泥沙起动条件。

（3）浅水泥沙运动动力

近岸泥沙运动最活跃的区域就是浅水区，浅水区波浪动力占主导作用，其对泥沙运动的影响很大。根据浅水区水深限制条件 $\dfrac{d}{L} \leqslant \dfrac{1}{20}$，$\dfrac{u}{\omega} = \dfrac{1}{k(d+z)} = \dfrac{L}{2\pi(d+z)} \geqslant \dfrac{10d}{\pi(d+z)}$，同样，$\dfrac{u}{\omega} \geqslant \dfrac{10}{\pi}$，水平速度分量比垂直速度分量大得多，水深越浅，水平速度越大，垂直速度越小，波浪运动轨迹为椭圆形。

根据浅水区波浪特征及将波浪参数简化，可以得到水平质点最大轨迹速度为

$$u_{\mathrm{m}} = \frac{\pi H}{Tkd} = \frac{\pi HL}{2\pi Td} = \frac{HT\sqrt{gd}}{2Td} = \frac{H}{2}\sqrt{\frac{g}{d}} \qquad (2-29)$$

相应的垂直质点最大轨迹速度为

$$\omega_{\mathrm{m}} = \frac{\pi H}{T}\left(1 + \frac{z}{d}\right) \qquad (2-30)$$

即浅水区水平质点最大轨迹速度仅与波高和水深有关，垂直质点最大轨迹速度与波高、周期和水深有关。

浅水区水平质点最大轨迹速度考虑破碎极限值，其值可以很

大。受波浪运动周期短的限制，最大轨迹速度缺乏连续性，存在时间极短，很难对风电基础局部冲刷造成影响。

波浪破碎时产生波生流，包括裂流和沿岸流，波生流流速有时很大。

2.4 波流共同作用

海流中潮流和波浪组合时，其相对速率关系式为

$$U_{cw} = \frac{U_c}{U_c + U_w} \qquad (2-31)$$

式中，U_{cw} 为相对速度率；U_c 为水流单独作用近底层流速；U_w 为波浪单独作用近底层水质点流速。Sumer 等（2001）认为，当 $U_{cw} \geqslant$ 0.70 时，冲刷趋于水流单独作用下的最大冲刷值，临界值时 $U_w = \frac{3}{7} U_c$。

潮流和波浪作为近岸最主要的两种海洋动力，对海岸工程有着重大影响，同时也是海洋建筑物局部冲刷的主要动力因素。国内外已经对水流作用下的局部冲刷进行了大量研究（汤虎，2012；张磊 等，2011），这些研究揭示了水流对建筑物局部冲刷主要是通过下潜水流和各种漩涡的作用。在波浪作用下，尾涡涡脱现象是影响局部冲刷的关键因素，波浪首先将圆桩周围的底床泥沙清扫至漩涡中心，然后由圆柱背水面的尾涡涡脱输送至下游（Sumer et al.，1992）。波浪作用下结构物冲刷研究表明，建筑物的结构形式和尺寸会影响冲刷形态，纯波浪引起的冲刷深度通常不如潮流显著。

当波流共同作用时，由于涉及水流和波浪两种动力的组合以及建筑物形状的差异，冲刷机理变得更加复杂。Eadie 等（1986）的研究认为，在波流共同作用和水流单独作用下，建筑物的冲刷

22

形态大致相同，当建筑物尺寸较小时，波浪的作用更多是辅助性的，并非冲刷的主要动力源，其冲刷深度略大于单独水流作用下的冲刷深度。曲立清等（2006）对大型桥墩的研究表明，水流和波浪两种动力的组合效应不能简单地叠加。

第3章 风电场海域泥沙特征

3.1 海岸分类

人类认识海洋是从海岸开始的，也对海岸类型进行了基本划分(沈庆 等，2008；王永红，2012；吴宋仁，2000)。李希霍芬于1886年根据形态、地质构造运动、切割性质和成因，最早系统地提出对海岸类型的划分；进入20世纪后，Shepard(1948)按照成因对海岸进行了分类；Valentin(1952)把海岸分为前进海岸和后退海岸，前进海岸表现为堆积上升，后退海岸表现为侵蚀和下沉；王颖等(1980)根据中国海岸成因，将海岸划分为两个基本类型：基岩港湾海岸和平原海岸。

按照岸滩物质组成，可将海岸作以下分类：

①基岩海岸。基岩海岸主要由岩石组成，形成各种海蚀地貌形态。图3.1为典型基岩海岸。

②砂质海岸。砂质海岸主要由砂、砾等物质组成，典型的如沙滩地貌。图3.2为典型砂质海岸。

③淤泥质海岸。淤泥质海岸由粒径小于0.03 mm的较细淤泥、黏土等细颗粒泥沙组成。我国一些大型河口附近多发育有淤泥质海岸，如海河口、长江口、杭州湾、九龙江河口等。图3.3为典型淤泥质海岸。

图 3.1　典型基岩海岸

图 3.2　典型砂质海岸

图 3.3　典型淤泥质海岸

3.2　中国近海沉积物类型

近海海底表层沉积物大部分受陆地物质的影响，是河流搬运及海岸、岛屿、水动力条件等综合作用的产物。我国海域宽广，海域底质类型复杂，受长江、黄河等河流输入性来水来沙影响大。依据泥沙粒径划分，近海底质主要有淤泥质、砂质、粉砂质及混合底质等类型。由于一些特殊的自然因素，局部海域分布着贝壳、珊瑚礁等特殊的海岸。

渤海沉积物分布的总体趋势是近岸的沉积物粒级较细，远离海岸和海区中央的沉积物较粗。在辽东湾，主要以黏土质粉砂和砂-粉砂-黏土为主；渤海湾粉砂质黏土和黏土质粉砂占多数；莱州湾以粉砂、黏土质粉砂沉积为主；渤海中央区则以粉砂质黏土、细砂、砂-粉砂-黏土居多。

黄海的沉积物分布主要分为三个粗颗粒物质沉积区、三个细颗粒物质沉积区及过渡沉积区。粗颗粒沉积主要分布在黄海东部、渤海海峡及海州湾；细颗粒物质沉积则位于北黄海中部、南黄海中部及老黄河水下三角洲。

东海沉积物分布呈现带状分布的特点，近岸浅水区为细粒沉积带，深水区也为细粒沉积带，内陆架外则是粗粒沉积带。

南海沉积物分布从岸向海呈现出粗—细—粗—细的变化趋势，沉积物类型比较齐全(孙湘平，2012)。

石学法(2012)研究中国近海海洋底质分布，总体上看，近岸300 km海域的中国近海海底底质以黏土质粉砂和砂质粉砂为主，江苏北部、福建漳州、广东东部海域局部以砂为主；东海外海大部为黏土质砂；南海中部为黏土及软泥。

3.3 泥沙几何特征

3.3.1 泥沙形状

泥沙颗粒的形状会影响其在海洋中的运动和输移状态。扁平状的泥沙颗粒与球状泥沙颗粒在水中的沉降速度有明显的区别。泥沙的形状也是其经历年代的一种体现，圆状的泥沙颗粒很可能经历了较长时间的波浪动力打磨。

描述泥沙形状参数常见的方法是基于泥沙颗粒的 3 个轴尺寸——最长轴、中间轴和最短轴，分别定义为 a、b 和 c。如果 $a = b = c$，则泥沙颗粒为球状。泥沙颗粒形状主要依靠轴大小的比率表征，如 b/a 和 c/a。另一种表示泥沙颗粒形状的参数是 $C_o = \dfrac{c}{\sqrt{ab}}$，$C_o$ 最大值为 1，此时泥沙颗粒为球状；C_o 最小值为 0；通常情况下 C_o 值为 0.7。

3.3.2 泥沙粒径

泥沙是由很多不同粒径的颗粒组成的混合体，根据泥沙粒径对数值频率分布多数符合正态分布的特点，Krumbein（1936）提出了一种变换表示泥沙直径的体系，称"phi 制"，泥沙直径

$$\phi = -\log_2 D \qquad (3-1)$$

式中，D 为泥沙颗粒直径（mm）；ϕ 为泥沙直径 phi 制的值。

$$D = 2^{-\phi} \qquad (3-2)$$

表 3.1 为泥沙直径 ϕ 与颗粒直径 D 对照表。

表 3.1　泥沙直径 ϕ 与颗粒直径 D 对照

D/mm	2	1	0.5	0.25	0.125	0.062 5	0.031 2	0.015 6	0.007 8
ϕ	-1	0	1	2	3	4	5	6	7

为了区分泥沙粒径大小，一般根据砂和砾石尺寸划分。我国《河流泥沙颗粒分析规程》（SL 42—2010）中认为泥沙颗粒在 0.062 ~ 2.0 mm 为砂粒，0.004 ~ 0.062 mm 为粉砂，小于 0.004 mm 为黏粒。我国海岸工程中所用的分级标准与前者有细微差别，泥沙颗粒在 0.062 5 ~ 2.0 mm 为砂，0.003 9 ~ 0.062 5 mm 为粉砂，小于 0.003 9 mm 为黏土，具体划分见表 3.2。

表 3.2　海岸工程中泥沙粒度分级标准

名称	粒级划分	ϕ 值	颗粒直径/mm
砾	巨砾	>-8	>256
	粗砾	-8 ~ -6	256 ~ 64
	中砾	-6 ~ -2	64 ~ 4
	细砾	-2 ~ -1	4 ~ 2

名称	粒级划分	φ 值	颗粒直径/mm
	极粗砂	−1~0	2~1
	粗砂	0~1	1~0.5
砂	中砂	1~2	0.5~0.25
	细砂	2~3	0.25~0.125
	极细砂	3~4	0.125~0.062 5
	粗粉砂	4~5	0.062 5~0.031 2
粉砂	中粉砂	5~6	0.031 2~0.015 6
	细粉砂	6~7	0.015 6~0.007 8
	极细粉砂	7~8	0.007 8~0.003 9
	粗黏土	8~9	0.003 90~0.001 95
黏土	中黏土	9~10	0.001 95~0.000 98
	细黏土	10~11	0.000 98~0.000 49
胶体	−	−	−

3.3.3 泥沙组成

泥沙粒径多用中值粒径 d_{50} 表示，即累积频率曲线上纵坐标值取 50% 时所对应的粒径值。中值粒径 d_{50} 可以从泥沙累积分布曲线直接获得。根据统计学理论，如果其分布接近于正态分布，所有尺寸的 68% 位于平均值的一个标准差范围内，d_{84} 和 d_{16} 也是描述泥沙特征尺寸的重要参数。Otto（1939）和 Inman（1952）提出了平均粒径的定义为

$$M_{d\phi} = \frac{d_{84} + d_{16}}{2} \qquad (3-3)$$

式中，d_{84} 和 d_{16} 分别为累积频率曲线上纵坐标值为 84% 和 16% 时

所对应的粒径值。

Folk 等(1957)和 Inman(1952)提出了统计分布的值：

$$M_{d\phi} = \frac{d_{84} + d_{50} + d_{16}}{3} \qquad (3-4)$$

当泥沙分布接近正态时，上述两种定义的平均粒径值是相同的。此时，泥沙平均粒径也与中值粒径一致。

许多沙样粒径分布非常不均匀，为了衡量这种不均匀性，引入标准偏差 σ_ϕ，定义为

$$\sigma_\phi = \frac{d_{84} - d_{16}}{2} \qquad (3-5)$$

一般认为 $\sigma_\phi \leq 0.5$ 的沙样是分布均匀的沙。

3.4　泥沙沉降速度

根据泥沙颗粒在水中的受力分析，其有效重力 W 与阻力 F 的关系为

$$F = \rho C_D \frac{\pi D^2}{8} \omega^2 \qquad (3-6)$$

$$W = (\rho_s - \rho) g \frac{\pi D^3}{6} \qquad (3-7)$$

式中，D 为泥沙直径(mm)；C_D 为阻力系数；ρ_s、ρ 分别为沙、水的密度(kg/m³)。根据有效重力与阻力平衡关系，可以得到沉速公式

$$\omega = \sqrt{\frac{4(\rho_s - \rho) g D}{3\rho C_D}} \qquad (3-8)$$

Stokes(1851)得到沙粒雷诺数 Re_D 小于 0.5 条件下的阻力系数

$$C_D = \frac{24}{Re_D} \qquad (3-9)$$

在此条件下的泥沙沉速公式也称为斯托克斯公式, 表达式为

$$\omega = \frac{(\rho_s - \rho)gD^2}{18\rho\upsilon} \qquad (3-10)$$

式中, υ 为运动黏滞系数。

Oseen (1910) 考虑了惯性项的作用, 修正了阻力系数值, 其导出的阻力系数值为

$$C_D = \frac{24}{Re_D}\left(1 + \frac{3Re_D}{16}\right) \qquad (3-11)$$

当 $0.5 < Re_D < 1000$ 时, Olson(1961) 给出了近似值

$$C_D = \frac{24}{Re_D}(1 + 0.14Re_D^{0.7}) \qquad (3-12)$$

阻力系数值与雷诺数值的关系比较复杂, 球体可以通过 $C_D - Re_D$ 关系查表得到。但当 $Re_D > 1\,000$ 时, C_D 与 Re_D 无关, 接近常数值 0.45。

对于黏性泥沙, 由于其电化学作用, 沉降表现出不同于粗颗粒的沉降特性。已有研究表明, 黏性泥沙沉降速度可取絮凝极限当量粒径 0.03 mm, 按照上述斯托克斯公式计算, 其计算值为 0.000 4~0.000 5 m/s。

3.5 泥沙起动流速

对泥沙在水流动力作用下的起动开展研究, 根据泥沙粒径将泥沙划分为非黏性泥沙起动和黏性泥沙起动。

3.5.1 非黏性泥沙起动流速

对非黏性泥沙的起动流速, 根据泥沙颗粒受力, 得到起动流速公式的一般结构形式为

$$U_c = \eta \left(\frac{h}{D}\right)^m \left(\frac{\rho_s - \rho}{\rho} gD\right)^{1/2} \qquad (3-13)$$

式中，U_c 为泥沙起动流速（m/s）；ρ_S 为泥沙密度（kg/m³），天然沙为 2 650 kg/m³；ρ 为水的密度（kg/m³）；h 为水深（m）；D 为泥沙粒径（mm）；η 为综合系数；m 为指数；g 为重力加速度（9.81 m/s²）。

（1）沙莫夫经验公式

沙莫夫根据试验资料得到 $\eta = 1.144$，$m = 1/6$，则泥沙起动公式为

$$U_c = 1.144 \left(\frac{h}{D}\right)^{1/6} \left(\frac{\rho_s - \rho}{\rho} gD\right)^{1/2} \qquad (3-14)$$

当少量泥沙起动时，

$$U_c = 4.6 D^{1/3} h^{1/6} \qquad (3-15)$$

当大量泥沙起动时，

$$U_c = 6 D^{1/3} h^{1/6} (D > 0.2 \text{ mm}) \qquad (3-16)$$

（2）岗恰洛夫经验公式

$$U_c = 1.07 \lg \frac{8.8h}{D_{95}} \left(\frac{\rho_s - \rho}{\rho} gD\right)^{1/2} \qquad (3-17)$$

式中，D_{95} 指级配曲线上累积分布频率为95%对应的粒径。适用于 $D = 0.08 \sim 1.5$ mm。

3.5.2　黏性泥沙起动流速

对于黏性泥沙，需要考虑颗粒之间的黏结力等因素，形式相对更为复杂。这一类经验公式主要有：

（1）窦国仁（1999）公式

$$U_c = k' \left[\ln 11 \frac{h}{\Delta}\right] \left(\frac{D'}{D_n}\right)^{1/6} \sqrt{3.6 \frac{\rho_s - \rho}{\rho} gD + \left(\frac{\gamma_0}{\gamma_{0n}}\right)^{5/2} \frac{\varepsilon_0 + gh\delta(\delta/D)^{1/2}}{D}}$$

32

式中，U_c 为泥沙起动流速（m/s），$k' = \begin{cases} 2.5 \times 0.105 = 0.26 （将动未动） \\ 2.5 \times 0.128 = 0.32 （少量动） \\ 2.5 \times 0.164 = 0.41 （大量动） \end{cases}$

在一般情况下，取 $k' = 0.32$；h 为水深（m）；Δ 为床面粗糙度（m）。起动流速试验资料表明，对于平整泥沙床面，当粒径小于 0.5 mm 时，其糙率高度与粒径基本无关，保持为常值；在粒径大于 0.5 mm 且小于 10 mm 时，糙率高度约为 2 倍的中值粒径；当粒径大于 10 mm 时，糙率高度与粒径的关系已为非线性，因此取

$$\Delta = \begin{cases} 1.0 \text{ mm} & (D \leqslant 0.5 \text{ mm}) \\ 2D & (0.5 \text{ mm} < D < 10 \text{ mm}) \\ 2D_n^{1/2} D^{1/2} & (D \geqslant 10 \text{ mm}) \end{cases};$$

D 为泥沙粒径（mm），一般均指泥沙中值粒径，即 $D = D_{50}$。$D_n = 10$ mm，D' 的取值为

$$D' = \begin{cases} 0.5 \text{ mm} & (D \leqslant 0.5 \text{ mm}) \\ D & (0.5 \text{ mm} < D < 10 \text{ mm}) \\ 10 \text{ mm} & (D \geqslant 10 \text{ mm}) \end{cases};$$

ρ_s 和 ρ 为沙粒和水的密度（kg/m³）；g 为重力加速度（9.81 m/s²）；γ_0 为床面泥沙干容重（kN/m³）；γ_{0n} 为泥沙颗粒的稳定干容重（kN/m³）；ε_0 为综合黏结力参数，其值与颗粒的物理化学性质有关，对于黏土，还与有机质含量及沉积环境有关，变化范围较大。根据试验资料可知，对于一般泥沙，$\varepsilon_0 = 1.75$ cm³/s²；对于黏土，ε_0 最大可达 17.5 cm³/s²；对于电木粉，$\varepsilon_0 = 0.15$ cm³/s²；对于塑料沙，$\varepsilon_0 = 0.1$ cm³/s²。δ 为薄膜水厚度参数，$\delta = 2.31 \times 10^{-5}$ cm，相当于 770 个水分子厚度。

（2）张瑞瑾公式

$$U_c = \left(\frac{h}{D}\right)^{0.14} \left(17.6 \frac{\rho_s - \rho}{\rho} D + 6.05 \times 10^{-7} \frac{10 + h}{D^{0.72}}\right)^{1/2}$$

（3）唐存本公式

$$U_c = \frac{1}{1+m}\left(\frac{h}{D}\right)^m \left[3.2\frac{\rho_s - \rho}{\rho}gD + \left(\frac{\rho'_s}{\rho'_{s0}}\right)^{10}\frac{C}{\rho D}\right]^{1/2}$$

式中，m 对于天然河道为 1/6，对于平整床面（实验室水槽或 $D <$ 0.01 mm 的天然河道）为 $\frac{1}{4.7}\left(\frac{D}{h}\right)^{0.06}$；$\rho'_s$ 为床面泥沙的干密度（考虑空隙在内）；ρ'_{s0} 为床面泥沙达到密实后的稳定干密度，为 1 600 kg/m³；$C = 2.842\times10^{-4}$ N/m。

（4）沙玉清公式

$$U_c = \left[267\left(\frac{\delta}{D}\right)^{1/4} + 6.67\times10^9(0.7-e)^4\left(\frac{\delta}{D}\right)^2\right]^{1/2}h^{1/5}\sqrt{\frac{\rho_s - \rho}{\rho}gD}$$

式中，δ 为薄膜水厚度，取 0.000 1 mm，e 为淤积泥沙的孔隙率。

对于天然沙，$\frac{(\rho_s - \rho)}{\rho} = 1.65$，上式可简化为

$$U_c = \left[0.43D^{3/4} + 1.1\frac{(0.7-e)^4}{D}\right]^{1/2}h^{1/5}$$

第4章　风电场海域海床稳定及泥沙运动模拟

在长期以海流为主的动力作用下，海域基本形成了与海流动力相对平衡的环境，表现为海底地形无明显变化。然而，气候变化和人类活动等因素可能会打破这一平衡，导致海域地形发生变化以适应新的动力条件。这种海域普遍的底床地形变化与海上风电基础本身无关，而是海域自然状态下的底床变化态势。

海域底床在水动力作用下的冲淤变化是判断海域是否稳定的主要标志。当海域海流较强，超过底床泥沙的起动流速时，底床处于不稳定状态，并将持续调整直到与动力环境相适应。在自然状态下，当底床地形变化剧烈时，海上风电基础桩基的整体稳定性及桩基布置必须考虑海域底床普遍冲刷或淤积的影响。

目前，对于海域潮流场变化和泥沙冲淤变化的模拟可以采用物理模型和数学模型两种研究手段。大范围的潮流和泥沙数学模型研究手段已经非常成熟，考虑到时间、经费、人力等因素，数学模型总体上优于物理模型。然而，在复杂海域泥沙运动和海上桩柱局部冲刷以及防护模拟中，物理模型仍然是主要的研究手段。

4.1　砂质底床泥沙起动

对于砂质底床，泥沙起动可以直接用沙莫夫经验公式等来衡量，典型的泥沙中值粒径如果取 0.25 mm、0.30 mm、0.35 mm、0.40 mm，水深取 5 m、10 m、15 m，则砂质泥沙起动流速见表4.1。由表 4.1 可以看出，一般流速大于 0.50 m/s 后，就需要关注砂质底床泥沙起动的问题。表 4.1 中，D 为泥沙中值粒径；H 为水深；U_c 为泥沙起动流速。

表 4.1 砂质泥沙起动流速

序号	D/mm	H/m	$U_c/(m \cdot s^{-1})$	序号	D/mm	H/m	$U_c/(m \cdot s^{-1})$
1	0.25	5	0.49	7	0.30	5	0.53
2	0.25	10	0.55	8	0.30	10	0.59
3	0.25	15	0.59	9	0.30	15	0.63
4	0.35	5	0.55	10	0.40	5	0.58
5	0.35	10	0.62	11	0.40	10	0.65
6	0.35	15	0.66	12	0.40	15	0.69

4.2 黏性底床泥沙起动

对于黏性底床泥沙，由于受到泥沙粒径、固结程度等因素的影响，确定泥沙起动流速较为复杂。简单的做法是使用黏性土泥沙起动的经验公式或等效粒径来进行判断和衡量。为了获得更为精确的结果，应当进行黏性土起动试验以测量其起动流速。

4.2.1 经验公式计算

如果用黏性土经验公式计算，获取黏性土粒径和水深基本可以推算出起动流速。典型的泥沙中值粒径如果取 0.01 mm、0.005 mm，水深取 5 m、10 m、15 m，则计算黏性泥沙起动流速如表 4.2 所示。由表 4.2 中的数据可以看出，一般流速大于 1.20 m/s 后，就需要关注黏性底床泥沙起动的问题。

表 4.2　黏性泥沙起动流速

序号	D/mm	H/m	黏性泥沙起动流速/$(\text{m}\cdot\text{s}^{-1})$			
			唐存本公式	窦国仁公式	沙玉清公式	张瑞瑾公式
1	0.005	5	2.04	2.16	1.85	1.69
2	0.005	10	2.30	3.07	2.12	2.15
3	0.005	15	2.46	3.82	2.30	2.54
4	0.01	5	1.30	1.53	1.31	1.20
5	0.01	10	1.45	2.17	1.51	1.52
6	0.01	15	1.56	2.70	1.63	1.80

4.2.2　泥沙起动试验

　　黏性土的起动不同于散粒，受其黏性较强的影响，需要克服团粒间较大的黏结力才能起动，因此一般情况下起动临界条件都较强。针对黏性土的起动特点，可用封闭有压水槽进行黏性土起动试验。

　　对于封闭有压水槽底部的水流切应力，可采用公式计算和试验测量两种方法确定（洪大林，2005）。

　　（1）公式计算

　　根据普朗特-卡门的研究成果，试验段内的平均流速与床面切应力之间的关系满足普朗特-卡门方管紊流的通用摩阻律公式

$$\frac{1}{\sqrt{\lambda}} = 2.0\ \lg\left(\frac{UR\sqrt{\lambda}}{v}\right) - 0.8 \qquad (4-1)$$

式中，λ 为摩阻系数，$\lambda = \dfrac{8\tau}{\rho U^2}$，$\rho$ 为水的密度；v 为水的运动黏滞

系数；U 为方管内水的平均流速；R 为水力半径，$R = \dfrac{A}{\chi}$，$A = ab$，A 为面积，a 和 b 分别为矩形管道的高和宽，$\chi = 2(a + b)$，为湿周。

在摩阻系数确定的情况下，可利用公式 $\lambda = \dfrac{8\tau}{\rho U^2}$ 计算得到切应力。

另外，由于管道为光滑的有机玻璃，因此可认为壁面是光滑的。光滑管的流速分布公式为

$$\frac{U_y}{U_*} = 5.75 \lg 9.05 \frac{U_* y}{v} = 5.75 \lg \frac{y U_*}{v} + 5.5 \quad (4-2)$$

已知垂线上两点 y_1、y_2 的流速分别为 U_1、U_2，则可得

$$\frac{U_1}{U_2} = \frac{\lg 9.05 \dfrac{U_* y_1}{v}}{\lg 9.05 \dfrac{U_* y_2}{v}} = \frac{\lg U_* + a}{\lg U_* + b} \quad (4-3)$$

式中，$a = \lg \dfrac{9.05 y_1}{v}$；$b = \lg \dfrac{9.05 y_2}{v}$。

$$\lg U_* = \frac{U_2 a - U_1 b}{U_1 - U_2} \quad (4-4)$$

从中可以解出摩阻流速 U_*。

（2）试验测量

由上、下游水头差计算摩阻流速，可采用下述边界层理论（Schlichting，1991）方法

$$\tau = \frac{p_1 - p_2}{L} R = \rho g \frac{\Delta z}{R} = \rho g R J = \rho U_*^2 \quad (4-5)$$

式中，J 为能坡；Δz 为上、下游测压管水头差；L 为两测压管间

38

距；R 为水力半径；ρ 为水的密度；p_1 和 p_2 为压强。

在试验条件下确定土样起动摩阻流速 U_*，需要将其转换为天然情况下的起动流速 U。

对河渠二元均匀流来说，谢才系数（C）、垂线平均流速（U）及摩阻流速（U_*）的关系为

$$\frac{U}{U_*} = \frac{C}{\sqrt{g}} \qquad (4-6)$$

由于 $R \approx H$，

$$C = \frac{1}{n} H^{1/6} \qquad (4-7)$$

式中，U 为垂线平均流速；U_* 为矩形管水槽得到的原状土起动情况下的摩阻流速；C 为谢才系数，与河床糙率及水深有关；R 为水力半径；H 为水深；n 为河道综合糙率；g 为重力加速度；糙率 n 对垂线平均起动流速的影响很大，因此糙率 n 的选取很重要。

4.3 海流与海床稳定关系研究案例

上海临港区域地处南汇区境内，属非正规的浅海半日潮型。该海域潮流强，地形变化与潮流密切相关。

4.3.1 潮流特征

2004 年 6 月南汇临港海域实测大潮 7 条垂线位置及流矢如图 4.1 所示，各测点的流速、流向如表 4.3 所示。

7 个测点的流速，其中 4 号测点涨潮流明显大于落潮流；而 3 号、5 号测点涨、落潮平均流速相差很小；1 号、2 号、6 号、7 号测点，基本上落潮流大于涨潮流。最大涨潮流速出现在 4 号

测点，其最大涨潮流速为 1.95 m/s，涨潮平均流速为 1.06 m/s；最大落潮流速出现在 2 号测点，其最大落潮流速为 1.82 m/s，落潮平均流速为 1.08 m/s。涨、落潮表现为平行于岸线的往复流。

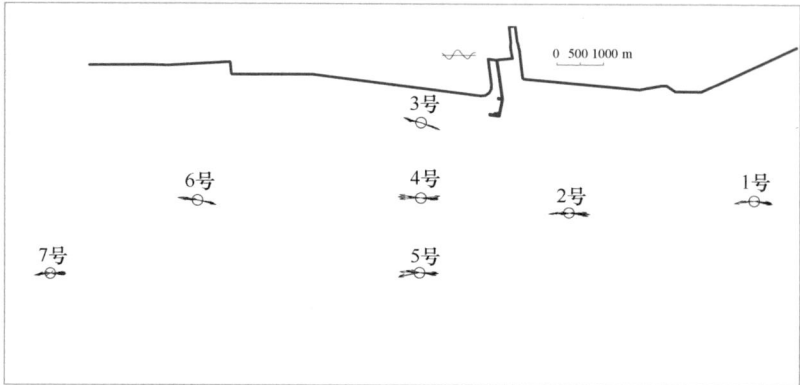

图 4.1　南汇临港海域实测大潮 7 条垂线位置及流矢

表 4.3　实测涨、落潮最大流速、流向

潮型	潮态	流速、流向	站　号						
			1 号	2 号	3 号	4 号	5 号	6 号	7 号
大潮	涨潮	最大流速/$(m \cdot s^{-1})$	1.76	1.77	1.56	1.95	1.85	1.74	1.43
		流向/(°)	263	267	286	273	258	277	263
	落潮	最大流速/$(m \cdot s^{-1})$	1.60	1.82	1.73	1.64	1.65	1.63	1.40
		流向/(°)	100	94	111	84	92	104	91

4.3.2　底质特征

南汇临港海域采集的 120 个底质沙样(见图 4.2)表明，近岸

区距岸约 1 000 m 范围基本为 0.015~0.030 mm 的细粉砂，1 000 m
以外海域为比较均匀的粉砂质淤泥，平均粒径为 0.010~0.015 mm，
底质基本上为泥质。

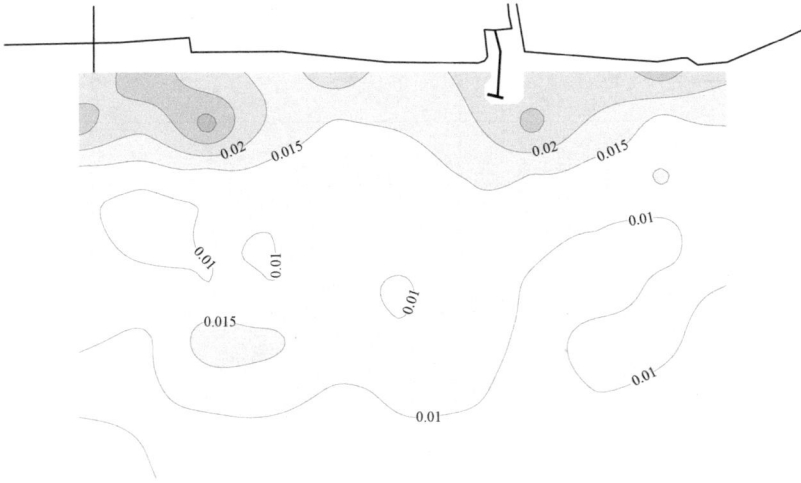

图 4.2　南汇临港海域底质粒径(mm)分布

　　在南汇临港海域取 3 根柱状样进行土工试验，结果如表 4.4
所示。

　　A 点水深 10.3 m，柱样长 3 m，该柱样的岩性大致可分为
两层。第一层(上层 0~2 m)为粉砂质黏土(TY)。该层的粒组砂
含量为 2.7%，粉砂含量为 48.55%，黏土含量为 48.75%；中
值粒径为 0.005 5 mm；不均匀系数 C_U 为 7.5，曲率系数 C_C 为
0.94。第二层(下层 2~3 m)为砂质粉砂(ST)。该层的粒组砂含量
为 10.40%，粉砂含量为 73.60%，黏土含量为 16.00%；中值粒
径为 0.017 mm；不均匀系数 C_U 为 8，曲率系数 C_C 为 0.89。

表 4.4　土工试验结果

土样编号	含水率 /(%) ω	湿密度 p	干密度 p_d	比重 G_s	孔隙比 e_0	饱和度 /(%) S_r	液限 /(%) w_L	塑限 /(%) w_P	塑性指数 /(%) I_P	液性指数 /(%) I_L	颗粒百分比/(%) 砂粒 0.25~0.5 mm	砂 0.075~0.25 mm	粉砂 0.005~0.075 mm	黏土 <0.005 mm	土的力学性试验指标 快剪黏聚力 C /kPa	内摩擦角 φ /(°)
B/3-1	25.2	1.96	1.57	2.70	0.725	94.0	28.6	23.1	5.5	0.38	2.8	32.6	56.2	8.4	10.0	28.6
A/3-2	49.7	1.73	1.16	2.73	1.362	100	39.5	21.6	17.9	1.57	0.5	2.6	45.6	51.2	5.0	3.2
A/3-3	57.2	1.64	1.04	2.73	1.607	97.0	43.9	26.4	17.5	1.76	—	2.2	51.5	46.3	4.0	2.2
A/3-1	37.4	1.85	1.35	2.72	1.00	100	32.5	21.8	10.7	1.46	—	10.4	73.6	16	7.0	9.6
B/3-2	39.8	1.83	1.31	2.73	1.086	100	38.2	19.1	19.1	1.08	—	1.4	51.3	47.3	8.0	5.5
C/3-2	60.7	1.65	1.03	2.74	1.669	100	45.6	25.4	20.2	1.75	—	1	48.2	50.8	6.0	2.1
C/3-3	56.8	1.61	1.03	2.73	1.642	94.0	40.9	22.2	18.7	1.85	—	2.6	58.9	38.5	7.0	2.4
C/3-1	40.4	1.77	1.26	2.72	1.158	95.0	37.6	21.3	16.3	1.17	—	0.8	67.7	31.5	9.0	6.3
B/3-3	58.3	1.67	1.05	2.73	1.588	100	42.8	24.4	18.4	1.84	1.4	2.4	44.7	51.5	6.0	4.2

B 点水深 9.3 m，柱样长 3 m，该柱样岩性大致可分为两层。第一层(上层 0～2 m)为粉砂质黏土(TY)。该层的粒组砂含量为 2.6%，粉砂含量为 48%，黏土含量为 49.4%；中值粒径为 0.005 mm；不均匀系数 C_U 为 7.5，曲率系数 C_C 为 0.94。第二层(下层 2～3 m)为砂质粉砂(ST)。该层的粒组砂含量为 35.40%，粉砂含量为 56.20%，黏土含量为 8.40%；中值粒径为 0.055 mm；不均匀系数 C_U 为 11.33，曲率系数 C_C 为 2.21。

C 点水深 11 m，柱样长 3 m，该柱样的岩性均为黏土质粉砂(YT)。底层粒组砂含量为 0.8%，粉砂含量为 67.7%，黏土含量为 31.5%；中值粒径为 0.007 mm；不均匀系数 C_U 为 6～10，曲率系数 C_C 为 0.8。

从 3 个柱状采样点的组成看，A 和 B 上层以粉砂质黏土为主，下层以砂质粉砂为主，C 点均为黏土质粉砂，但底层黏土含量为 31.5%。

4.3.3　底质起动特征

开展土样起动流速试验，采用 4.2.2 节中的式(4-5)计算土样起动时的摩阻流速，起动标准采用少量动，计算结果如表 4.5 所示。

南汇东港区受潮汐影响，水流处于变化中。由于动力条件较强时一般在涨落急时刻，此时水位一般在平均海平面附近。鉴于此，水深以平均海平面计算，糙率(n)取 0.017。根据取样点位置得到水深，通过式(4-6)和式(4-7)得到相应水深下的天然起动流速，计算结果见表 4.6。

从计算结果看：在同一位置，砂质粉砂起动流速小于粉砂质黏土或者黏土质粉砂的起动流速。土样号中 A/3-1、B/3-1、C/3-1 天然起动流速为 1.96～2.05 m/s，差别不大。3 个土样显示黏土含量均小于31.5%，粉砂质黏土和黏土质粉砂天然起动流速最小为2.29 m/s，最大为3.41 m/s。略有扰动的粉砂质黏土 B/3-3 起动流速为1.96 m/s，与 B/3-2 原状土 3.09 m/s 的起动流速差别较大。

表4.5　摩阻流速计算

土样号	位置/m	水头差/cm	能坡	$U_*/(\text{cm}\cdot\text{s}^{-1})$
B/3-3	10.3	4	0.031	6.14
B/3-2	10.3	12	0.092	10.63
B/3-1	10.3	4.7	0.036	6.65
A/3-3	9.3	6.9	0.053	8.06
A/3-2	9.3	7.3	0.056	8.29
A/3-1	9.3	4.8	0.037	6.73
C/3-3	11.0	14.2	0.109	11.57
C/3-2	11.0	14.3	0.110	11.61
C/3-1	11.0	5.07	0.039	6.91

表4.6　天然起动流速计算

土样号	水深 /m	湿容重 /($\text{t}\cdot\text{m}^{-3}$)	中值粒径 /mm	天然起动流速 /($\text{cm}\cdot\text{s}^{-1}$)
B/3-3	10.8	1.67	0.005	1.96(搅动)
B/3-2	11.8	1.83	0.005	3.09
B/3-1	12.8	1.96	0.055	1.96
A/3-3	9.8	1.64	0.006	2.29
A/3-2	10.8	1.73	0.005	2.38
A/3-1	11.8	1.85	0.017	1.96
C/3-3	11.5	1.61	0.007	3.35
C/3-2	12.5	1.65	0.005	3.41
C/3-1	13.5	1.77	0.009	2.05

4.3.4　海床稳定性分析

从海域底质起动流速与水文测验大潮期间最大流速看，水文测验大潮期间最大流速(1.95 m/s)小于底质表层泥沙起动流速(各土样最小值为 1.96 m/s)。因此，海域泥沙基本很难起动，表明海域处于基本稳定的动力状态环境。

4.4　海床变化波流泥沙数学模型

随着计算机技术的快速发展，波流泥沙数学模拟已经形成了通用商业化的模块软件，目前国际上流行的商业软件有丹麦的 MIKE 软件系列、荷兰的 Delft 3D、美国的 SMS 及 FVCOM 等。本书主要采用物理模型作为研究手段，在此仅对数学模型进行简要介绍。

4.4.1　模型理论

4.4.1.1　基本方程

(1)二维潮流连续方程和运动方程

平面直角坐标下的二维潮流连续方程

$$\frac{\partial \zeta}{\partial t} + \frac{\partial}{\partial x}\left[(h + \zeta)u\right] + \frac{\partial}{\partial y}\left[(h + \zeta)v\right] = 0 \qquad (4-8)$$

运动方程

$$\frac{\partial u}{\partial t} + u\frac{\partial u}{\partial x} + v\frac{\partial u}{\partial y} - fv = -g\frac{\partial \zeta}{\partial x} -$$

$$\frac{gu\sqrt{u^2 + v^2}}{C^2(h + \zeta)} + \frac{\partial}{\partial x}\left(N_x\frac{\partial u}{\partial x}\right) + \frac{\partial}{\partial y}\left(N_y\frac{\partial u}{\partial y}\right) \qquad (4-9)$$

$$\frac{\partial v}{\partial t} + u \frac{\partial v}{\partial x} + v \frac{\partial v}{\partial y} + fu = -g \frac{\partial \zeta}{\partial y} -$$

$$\frac{gv\sqrt{u^2 + v^2}}{C^2(h + \zeta)} + \frac{\partial}{\partial x}\left(N_x \frac{\partial v}{\partial x}\right) + \frac{\partial}{\partial y}\left(N_y \frac{\partial v}{\partial y}\right) \quad (4-10)$$

式中，x、y 为直角坐标系坐标；t 为时间变量；ζ 为潮位，即水面到深度基面距离；h 为静水水深；g 为重力加速度，$g = 9.8 \text{ m/s}^2$；u、v 分别为 x、y 方向垂线平均流速；f 为科氏系数（$f = 2\omega\sin\phi$，ω 为地球旋转角速度，ϕ 为纬度）；C 为谢才系数，$C = \frac{1}{n}(h+\zeta)^{1/6}$，$n$ 为曼宁系数；N_x、N_y 为单宽流量在 x、y 方向的分量。

（2）悬沙输移扩散方程及海床变形方程

悬沙输移扩散方程

$$\frac{\partial s}{\partial t} + u \frac{\partial s}{\partial x} + v \frac{\partial s}{\partial y} = \frac{\partial}{\partial x}\left(D_x \frac{\partial s}{\partial x}\right) + \frac{\partial}{\partial y}\left(D_y \frac{\partial s}{\partial y}\right) + \frac{F_s}{h + \zeta}$$

$$(4-11)$$

式中，s 为垂线平均含沙量；D_x、D_y 分别为 x、y 方向的泥沙扩散系数；F_s 为泥沙冲淤函数，其余符号意义同前。

床面冲淤变化方程

$$\gamma_0 \frac{\partial \Delta h}{\partial t} + \frac{\partial q_x}{\partial x} + \frac{\partial q_y}{\partial y} = F_s \quad (4-12)$$

式中，Δh 为冲淤厚度（m）；q_x、q_y 分别为 x、y 方向底沙单宽输沙率（$\text{kg} \cdot \text{m}^{-1} \cdot \text{s}^{-1}$），淤泥质海岸为 0；$\gamma_0$ 为泥沙干容重，当缺乏实测资料时，可采用 $\gamma_0 = 1750\, d_{50}^{0.183}$ 估算（式中 d_{50} 为泥沙中值粒径，以 mm 计）。

海床的冲淤函数采用切应力概念，建立起冲淤函数 F_s 与底部切应力及泥沙特征的函数关系：

46

$$F_s = \begin{cases} \alpha\omega S\left(1 - \dfrac{\tau}{\tau_d}\right) & (\tau \leqslant \tau_d) \\ 0 & (\tau_d < \tau < \tau_e) \\ -M\left(\dfrac{\tau}{\tau_e} - 1\right) & (\tau \geqslant \tau_e) \end{cases} \quad (4-13)$$

式中，τ 为水流底部切应力；τ_d 为不淤临界切应力或临界淤积切应力；τ_e 为起动临界切应力或临界冲刷切应力；α 为淤积概率；M 为冲刷系数（$\mathrm{kg \cdot m^{-2} \cdot s^{-1}}$）；$\omega$ 为泥沙沉降速度；S 为含沙量。

除潮流作用外，岸滩还受到外海波浪作用，泥沙输移是在波流共同作用下完成的，波浪掀沙，潮流输沙，计算泥沙场时适当考虑波浪作用。床面切应力可采用以下公式进行计算：

只有水流作用时，床面切应力为

$$\tau_c = \frac{1}{2}\rho f_c u^2 \quad (4-14)$$

只考虑波浪作用时，床面切应力为

$$\tau_w = \frac{1}{2}\rho f_w u_b^2 \quad (4-15)$$

波流共同作用时的床面切应力为

$$\tau = \tau_c\left[1 + a\left(\frac{\tau_c}{\tau_c + \tau_w}\right)^p\left(1 - \frac{\tau_c}{\tau_c + \tau_w}\right)^q\right] \quad (4-16)$$

式中，f_c 为水流摩阻系数；f_w 为波浪摩阻系数；u 为水流流速；u_b 为波浪底部水质点水平运动速度；a、p、q 为随波浪要素变化的参数；ρ 为水的密度。

4.4.1.2　定解条件

（1）边界条件

数学模型通常使用开边界（水边）和闭边界（岸边）两种边界条件。本模型开边界采用潮位过程进行控制：

$$\zeta(x,\ y,\ t)\mid_{\varGamma} = \zeta^*(x,\ y,\ t) \qquad (4-17)$$

对于闭边界则根据不可入原理，取法向流速为 0，即

$$\vec{V} \cdot \vec{n} = 0 \qquad (4-18)$$

研究海域岸滩条件复杂，边滩淹没和出露频繁，为了合理模拟该流域的水流形态，模型闭边界采用干湿判别的动边界。

悬沙边界条件：

入流时，

$$s(x,\ y,\ t)\mid_{\varGamma} = s^*(x,\ y,\ t) \qquad (4-19)$$

出流时，

$$\frac{\partial s}{\partial t} + u_n \frac{\partial s}{\partial \vec{n}} = 0 \qquad (4-20)$$

泥沙固边界：

$$\frac{\partial s}{\partial \vec{n}} = 0 \qquad (4-21)$$

（2）初始条件

计算开始时，整个计算区域内各点的水位、流速、含沙量值就是计算的初始条件，即

$$\begin{cases} \zeta(x,\ y,\ t_0) = \zeta_0(x,\ y) \\ u(x,\ y,\ t_0) = u_0(x,\ y) \\ v(x,\ y,\ t_0) = v_0(x,\ y) \\ s(x,\ y,\ t_0) = s_0(x,\ y) \end{cases} \qquad (4-22)$$

一般情况下，初值都是通过估算给出，与实际值并不一致，但经过一定时间以后，即使初值有一定的误差，在计算过程中也将会随着时间而逐渐消失。

4.4.1.3 求解方法

利用有限体积法(finite volume method)求解基本方程的数值

解，该法是基于有限单元法和有限差分法的一种数值方法，其基本过程为：

①将计算区域划分为一系列不重复的控制体积，并使每个网格点周围有一个控制体积。

②将待解的微分方程对每一个控制体积积分，便得出一组离散方程，其中的未知数是网格点上因变量的数值。

③根据给定的初始条件和边界条件，求解代数方程组，得到基本方程数值解。

4.4.2 模型建立与应用

（1）模型网格

模型计算区域的离散采用非结构三角形网格，以便能够较准确地反映出岸线和建筑物的外形轮廓。为提高效率采用变网格技术，外部开阔海域的网格尺度可以大一些，研究海域附近网格尺度需要加密。

（2）模型参数

模型中水流参数根据经验或相关文献初步选取，通过率定验证过程不断调整，最终确定。

（3）潮流验证

模型需通过水文资料数据进行验证，以保证模型水流运动的相似。

（4）地形冲淤验证

模型需要对附近海域地形资料进行分析，以确定地形变化规律，并根据地形变化规律调整参数，使模型能复演海域地形变化。

（5）海床演变预报计算

基于验证完成的模型，可用于不同工况条件下的海床演变预报计算。

4.5 海床变化波流泥沙物理模型理论

对海域海床变化复杂的海域，受目前数学模型模拟水平的限制，一般还是依靠泥沙物理模型进行研究。

4.5.1 水流运动基本比尺关系

由水流平面二维运动方程

$$\frac{\partial u}{\partial t} + u\frac{\partial u}{\partial x} + v\frac{\partial u}{\partial y} = g\frac{\partial h}{\partial x} - \frac{u^2}{C^2 h} \qquad (4-23)$$

$$\frac{\partial v}{\partial t} + u\frac{\partial v}{\partial x} + v\frac{\partial v}{\partial y} = g\frac{\partial h}{\partial y} - \frac{v^2}{C^2 h} \qquad (4-24)$$

可得以下比尺关系：

$$\lambda_U = \lambda_u = \lambda_v$$

重力相似　　$\lambda_U = \sqrt{\lambda_h}$ 　　　　　　　　　　$(4-25)$

阻力相似　　$\lambda_C = \sqrt{\dfrac{\lambda_l}{\lambda_h}}$ 　　或　　$\lambda_n = \lambda_h^{2/3}\lambda_l^{-1/2}$ 　　$(4-26)$

水流运动相似　　$\lambda_t = \dfrac{\lambda_l}{\lambda_U}$ 　　　　　　　　　　$(4-27)$

式中，λ_h 为垂直长度比尺；λ_l 为水平长度比尺；λ_t 为水流时间比尺；λ_C 为谢才系数比尺；λ_n 为糙率系数比尺；u 与 v 分别为垂线平均流速 U 在 x 和 y 方向的分量；λ_U、λ_u、λ_v 均为流速比尺。

4.5.2 水流条件泥沙运动相似比尺关系

单位水柱体输沙连续方程

$$\frac{\partial(hs)}{\partial t} + \frac{\partial(hus)}{\partial x} + \frac{\partial(hvs)}{\partial y} - \frac{\partial}{\partial x}\left(hE_x\frac{\partial s}{\partial x}\right) - \frac{\partial}{\partial y}\left(hE_x\frac{\partial s}{\partial y}\right) = \gamma_o\frac{\partial h}{\partial t}$$

$$(4-28)$$

水柱体底内部边界条件

$$\gamma_o \frac{\partial z}{\partial t} = R_d + R_e \qquad (4-29)$$

式中，R_d 为床面泥沙沉降率；R_e 为床面泥沙冲刷率。由输沙连续方程和边界条件可得以下相似关系

泥沙冲淤时间相似要求 $\qquad \lambda_{t_2} = \frac{\lambda_{\gamma_o}}{\lambda_s} \lambda_t \qquad (4-30)$

泥沙沉降相似要求 $\qquad \lambda_\omega = \lambda_U \frac{\lambda_h}{\lambda_l} \qquad (4-31)$

式中，λ_{γ_o} 为泥沙干密度比尺；λ_s 为含沙量比尺；λ_ω 为泥沙沉速比尺。

4.5.3 水流泥沙其他相似要求

以上水流和泥沙相似关系均由理论公式推导得出，是水流运动和泥沙输移相似的基本条件。由于泥沙运动的一些基本特性，如挟沙力、冲刷率、沉降率等目前还未完全掌握，还处于半经验半理论阶段，需用一些半经验公式予以描述，如：

挟沙力公式 $\qquad S_* = K \frac{\gamma \gamma_s}{\gamma_s - \gamma} \left(J \frac{U}{\omega} \right) \qquad (4-32)$

床面回淤率公式 $\qquad R_d = \alpha \omega (S - S_*) \qquad (4-33)$

床面冲刷率公式 $\qquad R_e = M(\tau_b - \tau_c) \qquad (4-34)$

据此可得以下比尺 $\qquad \lambda_S = \lambda_{S_*} = \frac{\lambda_{\gamma_s}}{\lambda_{\frac{\gamma_s - \gamma}{\gamma}}} \qquad (4-35)$

$$\lambda_\tau = \lambda_{\tau_c} \qquad 或 \qquad \lambda_{U_*} = \lambda_{U_{*c}} \qquad (4-36)$$

式中，γ 为水的容重；γ_s 为泥沙容重；k 为系数；S 为重量比表示的含沙量；τ 为底部切应力，τ_c 为泥沙起动临界切应力，U_* 为摩

51

阻流速，U_{*c} 为泥沙起动临界摩阻流速。

根据泥沙沉速公式(斯托克斯公式)：

$$\omega = \frac{gd^2}{18\upsilon} \frac{\gamma_s - \gamma}{\gamma} \qquad (4-37)$$

则由泥沙沉降规律可得到另一沉速比尺：

$$\lambda_\omega = \lambda_h^2 \lambda \frac{\gamma_s - \gamma}{\gamma} \qquad (4-38)$$

4.5.4 波浪运动相似

波浪运动相似包括折射、破波形态、水质点运动速度、绕射、反射等相似要求。

(1)折射相似

由 snell 定律

$$\frac{\sin a}{C} = \text{const} \qquad (4-39)$$

及波速方程 $\qquad C = \frac{gT}{2\pi}\tanh\frac{2\pi h}{L} \qquad (4-40)$

式中，L 为波长；T 为波周期；h 为水深；g 为重力加速度；a 为波向角；C 为波速。

可得

$$\lambda_L = \lambda_h \qquad (4-41)$$

$$\lambda_C = \lambda_T = \lambda_h^{1/2} \qquad (4-42)$$

式中，λ_L 为波长比尺；λ_C 为波速比尺；λ_T 为波周期比尺；λ_h 为垂直比尺。

(2)破波形态相似

根据 Battjes(1974)研究，破波形态与 Iribarren 数有关：

$$\gamma_b = 1.1\xi^{1/6} \quad 即 \quad \frac{H_b}{h_b} = 1.1(\tan\beta)^{1/6}\left(\frac{H_o}{L_o}\right)^{-1/12} \qquad (4-43)$$

52

式中，H_b 为破波波高；$\dfrac{H_o}{L_o}$ 为深水波陡；h_b 为破波水深；$\tan\beta$ 为岸滩坡度。

可得波高比尺

$$\lambda_H = \lambda_h\left(\frac{\lambda_h}{\lambda_l}\right)^{2/13} \qquad (4-44)$$

或

$$\lambda_H = \lambda_h(D_F)^{-2/13} \qquad (4-45)$$

式中，$D_F = \dfrac{\lambda_l}{\lambda_h}$ 为模型变率。

（3）水质点运动速度相似

根据 Airy 波理论，波浪水质点运动速度为

$$u_m = \frac{\pi H}{T}\frac{1}{\sinh(kh)} \qquad (4-46)$$

可得床面水质点最大轨迹速度比尺

$$\lambda_{u_m} = \frac{\lambda_H}{\lambda_h^{1/2}} \qquad (4-47)$$

式中，H 为波高，k 为波数。

（4）绕射相似

一般要求 $\lambda_L = \lambda_l$，在变态模型中，若满足折射运动相似（即 $\lambda_L = \lambda_h$），则不能满足绕射相似。模型波长相对原型变长，模型绕射系数偏大。

（5）反射相似

一般在正态模型才能获得反射相似，为满足反射相似，模型中建筑物迎浪面结构按正态设计。

要满足以上相似要求，模型必须做成正态。

4.5.5 波浪条件下泥沙运动相似

(1)泥沙冲淤部位相似

根据服部昌太郎(1978)公式:

$$\frac{H_b}{L_o} \frac{\tan \beta}{\dfrac{\omega}{gT}} = \text{const} \qquad (4-48)$$

可推导得出泥沙沉降速度比尺

$$\lambda_\omega = \lambda_u \frac{\lambda_H}{\lambda_l} \qquad (4-49)$$

当波高比尺 λ_H 等于水深比尺 λ_h,

$$\lambda_\omega = \lambda_u \frac{\lambda_h}{\lambda_l} \qquad (4-50)$$

即与水流条件下悬沙沉降相似比尺要求相同。

式中,H_b 为破波波高;L_o 为深水波长;T 为波周期;g 为重力加速度;ω 为泥沙沉速;$\tan \beta$ 为岸滩坡度;u 为波浪水质点运动速度。

(2)破波掀沙相似

在破波区内,由破碎波引起的平均水体含沙量为

$$S = K \frac{\rho_s \rho}{\rho_s - \rho} g \frac{H_b^2}{8A} \cdot \frac{C_{gb}}{\omega} \cos\alpha_b \qquad (4-51)$$

式中,A 为破碎波区内过水断面面积,由上式可得

$$\lambda_s - \frac{\lambda_{\rho_s}}{\lambda_{\frac{\rho_s-\rho}{\rho}}} \cdot \frac{\lambda_H^2}{\lambda_h^{1/2}\lambda_l\lambda_\omega} \qquad (4-52)$$

考虑到 $\lambda_\omega = \lambda_u \dfrac{\lambda_H}{\lambda_l}$,可得 $\lambda_s = \dfrac{\lambda_{\rho_s}}{\lambda_{\frac{\rho_s-\rho}{\rho}}} \cdot \dfrac{\lambda_H}{\lambda_h} \qquad (4-53)$

当 $\lambda_H = \lambda_h$,即与水流条件相同。

式中，C_{gb} 为破波的能量传递速度；α_b 为波向角；λ_{ρ_s} 为泥沙密度比尺；$\lambda_{\frac{\rho_s-\rho}{\rho}}$ 为参数 $\frac{\rho_s-\rho}{\rho}$ 的比尺，其中 ρ_s 为泥沙密度，ρ 为水的密度。

（3）波浪条件下泥沙起动相似

波浪条件下泥沙起动现象要比水流条件下更为复杂，可应用一些半理论半经验关系式来初步确定。

如选用刘家驹（2009）公式，起动波高：

$$H_* = M\left[\frac{L_* \sinh(2kh)}{\pi g}\left(\frac{\rho_s-\rho}{\rho}gd + \frac{0.486}{d}\right)\right]^{1/2} \quad (4-54)$$

其中，下标 $*$ 为起动时对应参数；$0.486/d$ 表示泥沙间黏着力作用，在砂质海岸条件下可以忽略不计，

式中，
$$M = 0.1\left(\frac{L}{d}\right)^{1/3} \quad (4-55)$$

据此可得
$$\lambda_{\frac{\rho_s-\rho}{\rho}}\lambda_d^{1/3} = \lambda_H^2 \cdot \lambda_h^{-5/3} \quad (4-56)$$

则得泥沙粒径比尺：
$$\lambda_d = \lambda_H^6 \lambda_h^{-5} \lambda_{\frac{\rho_s-\rho}{\rho}}^{-3} \quad (4-57)$$

潮流运动、波浪运动及泥沙运动诸多相似准则要完全相似似乎并非必要，这主要取决于需要模型解决的问题。就近海海床演变模型来讲，涉及的主要是近海潮流、波浪及泥沙运动。

4.6 海床变化物理模型研究案例

以厦门地区后石电厂海域海床变化研究为例，介绍海床变化物理模型研究手段。

4.6.1 潮流条件

厦门附近海域为强潮地区，潮差累计频率不大于10%的大潮

潮差为 5.3 m 左右，潮差累计频率不大于 50% 的中潮潮差为 4.0 m 左右，潮差累计频率不大于 90% 的小潮潮差为 3.0 m 左右，不大于 97% 的小潮潮差为 2.0 m 左右。根据厦门海洋站与后石海区临时验潮站同步资料分析，后石电厂附近潮位比厦门站略低（低 3~4 cm），潮差相近。

电厂附近水域多次水文测验资料表明，电厂附近水域潮流为正规半日潮流，且主要为往复流，水域的潮流主要受自东南向西北的过境潮流的分流影响。数学模型计算该厂附近海域涨落潮半潮平均流速强度很弱，一般不大于 10 cm/s。该电厂附近的主要水流动力是排水水流，对底床冲刷起决定作用，而潮流的影响十分微弱。因此，主要对电厂排放水流进行物理模型冲刷试验研究。

4.6.2　底质条件

根据水文测验期间底质取样资料分析，电厂附近海域底质为粉砂，中值粒径为 0.12~0.20 mm。其中，排水海域 0 m 等深线向岸底沙中值粒径较粗，为 0.2~0.32 mm，此范围也是本次试验的主要区域。

4.6.3　模型设计

考虑排水建筑物尺寸要求，模型几何比尺采用 $\lambda = 40$ ，为几何正态模型，按照 Froude 相似准则设计模型（左东启，1984），模型主要考虑排水海域海床冲刷问题，所以模型重点需满足模型沙起动相似要求，即模型沙起动流速（U_c）比尺应为 $\lambda_{U_c} = \lambda_U = 6.32\sqrt{\lambda}$。模型各比尺情况如表 4.7 所示。

表 4.7　模型比尺

比尺名称	符号	比尺
垂直比尺	λ_h	40
水平比尺	λ_l	40
流量比尺	λ_Q	10 112
流速比尺	λ_U	6.32

（1）模型沙选择

天然沙起动流速采用唐存本（1963）公式计算得

$$U_{CP} = \frac{6}{7}\left[3.2 \cdot \left(\frac{\gamma_{SP} - \gamma}{\gamma}\right) \cdot g \cdot d_P + \frac{C}{\rho \cdot d_P}\right]^{1/2}\left(\frac{H_P}{d_P}\right)^{1/6}$$

$$(4 - 58)$$

模型沙起动流速采用文献（唐存本，1988）中关系式进行计算

$$U_{CM} = \frac{3}{4}\left[3.2 \cdot \left(\frac{\gamma_{SM} - \gamma}{\gamma}\right) \cdot g \cdot d_M + \frac{C}{\rho \cdot d_M}\right]^{1/2}\left(\frac{H_M}{d_M}\right)^{1/6}$$

$$(4 - 59)$$

式中，下标 P 代表原型值；M 代表模型。

U_C 为泥沙起动流速（cm/s）；$C = 2.9 \times 10^4$ g/cm；$\rho = 0.001\ 02$ g/cm³；γ_S 为泥沙容重（g/cm³），天然沙为 2.65 g/cm³，模型沙为 1.15 g/cm³；γ 为水容重（g/cm³）；H 为水深（cm）；d 为泥沙粒径（cm），现场天然沙粒径为 0.2~0.3 mm。

考虑排水海域底质天然沙条件以及作者多年模型试验经验，确定模型沙采用粒径为 0.3 mm 的木屑。

根据原型水深为 0.4~20 m，模型对应 0.01~0.50 m 的不同水深条件，分别计算现场天然沙和模型条件下模型沙起动流速，计算结果如表 4.8 所示。可以看出，当天然沙粒径为 0.2 mm 时，不同水深条件下泥沙起动流速比尺平均为 5.34；当天然沙粒径为

0.3 mm 时，不同水深条件下泥沙起动流速比尺平均为 6.81。泥沙起动流速比尺变化幅度为 5.29~6.92，基本可满足模型沙起动流速(U_C)比尺要求。

表 4.8　泥沙起动流速(cm/s)及比尺情况

原型水深 H_P/m	模型水深 H_M/m	模型沙起动流速 /(cm·s^{-1})	天然沙起动流速 ($d=0.2$ mm) /(cm·s^{-1})	λ_{U_C}	天然沙起动流速 ($d=0.3$ mm) /(cm·s^{-1})	λ_{U_C}
0.4	0.010	6.2	33	5.32	42	6.77
1.0	0.025	7.2	38	5.28	48	6.67
2.0	0.050	8.1	43	5.31	55	6.79
4.0	0.100	9.1	49	5.38	63	6.92
6.0	0.150	9.7	52	5.36	66	6.80
8.0	0.200	10.2	55	5.39	70	6.86
10.0	0.250	10.6	57	5.38	73	6.89
12.0	0.300	10.9	58	5.32	74	6.79
14.0	0.350	11.2	60	5.36	77	6.88
16.0	0.400	11.5	61	5.31	78	6.78
20.0	0.500	11.9	63	5.29	80	6.72
平均	—	—	—	5.34	—	6.81

（2）试验过程与条件

试验水位控制为平均潮位 0.25 m 和低潮位 −3.15 m，在两种潮位条件下分别进行模型试验。试验准备阶段，对模型底床局部进行浚深，浚深范围为排水海域隔堤前 200 m，宽 100 m。

试验前，模型沙已经经过充分浸泡处理，然后按实测地形在浚深后的动床范围内铺设模型沙。放水漫过模型沙并让模型沙充分吸水密实。其间，对局部未密实区域进行补沙再浸泡密实。

模型供水系统采用两台管道泵进水，排水量用三角堰控制，水流经尾门进入回水廊道，循环使用。试验时，先缓慢放水到控制水位(0.25 m 或者-3.15 m)，然后按照两个排水海域满负荷排水流量 132 m³/s 和 88 m³/s 进行冲刷试验，试验中观察模型沙冲刷情况，直到冲刷形态基本稳定为止。

4.6.4　模型试验结果

(1)试验水位 0.25 m

在电厂两个排水口满负荷排水条件下，电厂排水动床区冲刷地形形态如图 4.3 所示。排水口区域冲刷试验地形稳定后，冲刷等深线分布如图 4.4 所示，排水明渠隔离突堤堤头外 40 m 断面处海床断面试验前后地形变化情况如图 4.5 所示。

图 4.3　动床区冲刷地形形态(试验水位：0.25 m)

由各图可知，当两个排水口均满负荷排水时，排水口区域沿水流方向冲刷范围为：排水流量 88 m³/s 一侧在 90 m 左右，排水流量 132 m³/s 一侧在 170 m 左右，其中排水流量 132 m³/s 一侧的

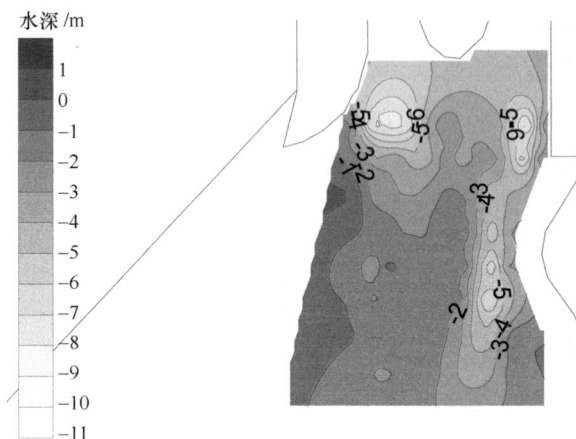

图 4.4 动床冲刷地形等深线分布(试验水位：0.25 m)

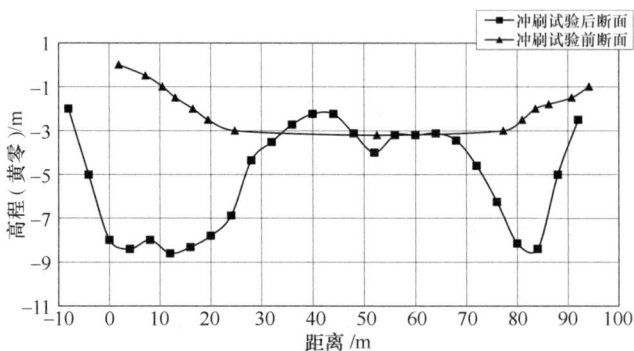

图 4.5 排水明渠外 40 m 处海床冲刷情况(试验水位：0.25 m)

冲刷区坑浅呈细条形。排水明渠外海域冲刷区最大宽度出现在两明渠隔离突堤堤头外 40 m 附近，排水流量 132 m³/s 一侧最大冲刷宽度约 25 m，冲刷区呈沟状；排水流量 88 m³/s 一侧最大冲刷宽度约 40 m，冲刷区呈坑状。最大相对冲刷深度达 6 m，主要出现在排水流量 88 m³/s 一侧明渠隔离突堤堤头外 50 m 左右。

（2）试验水位-3.15 m

在这种低潮位条件下，排水海域水深小，水流流出排水明渠后几乎对底床直接作用，冲刷作用更强。此水位满负荷排水时，电厂排水海域动床区冲刷形态如图4.6所示，排水口区域冲刷试验地形稳定后的冲刷等深线如图4.7所示，排水明渠隔离突堤堤头外40 m断面处海床断面试验前后地形变化情况如图4.8所示。

图4.6　动床冲刷地形形态（试验水位：-3.15 m）

由各图可知，排水口区域沿水流方向冲刷范围为：排水流量88 m³/s一侧在90 m左右，排水流量132 m³/s一侧在180 m左右，与试验水位0.25 m时冲刷范围情况基本一致。区别在于：排水流量132 m³/s一侧隔离突堤堤头外40 m附近冲刷沟加大为冲刷坑，最大冲刷宽度达到40 m；排水流量88 m³/s一侧最大冲刷宽度约45 m。两侧最大相对冲刷深度均为7 m以上。在冲刷幅度和范围上均比平均潮位（0.25 m）大，对底床冲刷破坏更强。

两种水位条件下的局部动床区冲刷试验表明，在两个排水口都满负荷排水的情况下，由于水流流量大，流速较强，将导致排

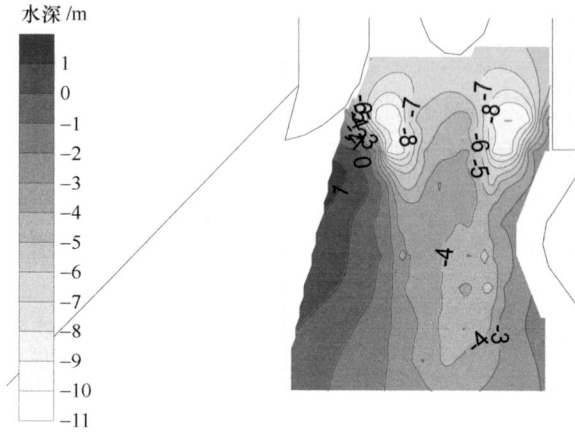

图 4.7 动床区冲刷地形等深线(试验水位：-3.15 m)

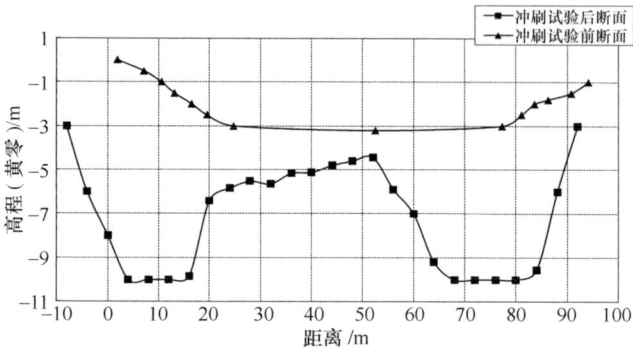

图 4.8 排水明渠外 40 m 处海床冲刷情况(试验水位：-3.15 m)

水出口区海床发生冲刷，从而形成冲坑、冲沟。排水明渠隔离堤堤头外约 50 m 范围海床为严重冲刷区，最大相对冲刷深度可达 7.0 m，冲刷程度离排水海域越远越轻，132 m³/s 一侧最远在 180 m 左右。鉴于排水口海域冲刷严重，对排水口冲刷区域进行工程防护是必需的。

62

第5章　风机基础局部冲刷动力机制

5.1　桩基影响下的水流平面变化

5.1.1　桩基绕流形态

受到桩基的阻碍作用，桩基附近水流为了保持运动的连续性，流体质点间不断发生干扰、扰动，动量交换和能量传递也相当频繁，是典型的紊流运动。

当水流绕过桩基时，在水流流动方向上产生绕流阻力（陈玉璞 等，2013），其表达式 D 表示为

$$D = D_f + D_p \tag{5-1}$$

其中摩擦阻力

$$D_f = \int_A \tau_0 \sin\theta \mathrm{d}A = C_f \frac{\rho U^2}{2} A_f \tag{5-2}$$

压强阻力

$$D_p = -\int_A p\cos\theta \mathrm{d}A = C_p \frac{\rho U^2}{2} A_p \tag{5-3}$$

引用总阻力系数 C_D，因此绕流阻力可表示为

$$D = C_D \frac{\rho U^2}{2} A \tag{5-4}$$

上述式中，A 为物体在垂直于物体运动方向平面上的投影面积；ρ 为流体密度；P 为压强；τ_0 为切应力；θ 为 $\mathrm{d}A$ 外法线与来流

方向夹角；A_f 为切应力作用的面积；A_p 为与来流方向相垂直的迎流投影面积；U 为流速。C_D 为绕流阻力系数，其值随雷诺数（Re）变化而变化，当 R_e 较小时，运动属于层流，在物体表面形成边界层绕流，阻力主要是边界层内的摩擦阻力，阻力系数随着 R_e 增大而减小；当 $10^2 < Re < 2.5 \times 10^5$ 时，阻力曲线变化缓慢，继续增加使边界层发生分离；当 $Re > 2.5 \times 10^5$ 时，阻力系数急剧下降。图 5.1 为圆柱绕流的阻力系数曲线（张亮 等，2001）。

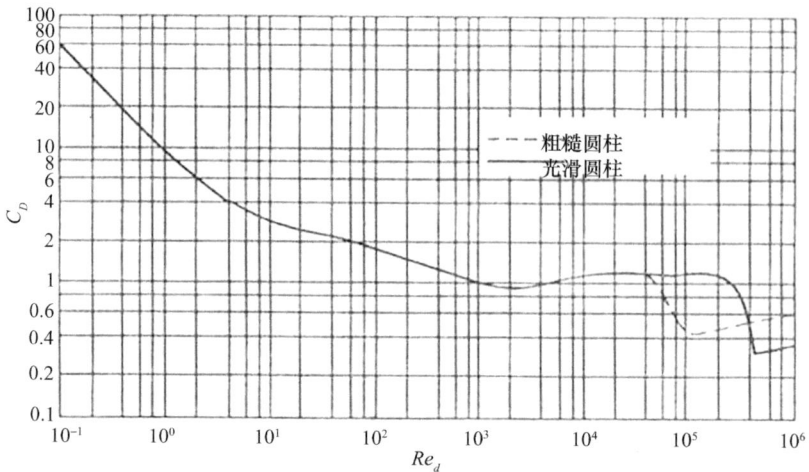

图 5.1　圆柱绕流的阻力系数曲线

由于受到上述阻力作用，水流在前进方向受到斜桩和直桩的阻碍，在绕流阻力作用下，连续的水流束突然之间不能一如既往地前进，后续的水流却继续跟进，促使前面的桩基迎水面的水流体瞬间"停滞"，水位壅高，瞬间的水位差使水体沿圆柱面向两侧偏流（布拉德利，1980；吴持恭，1979），形成马蹄形漩涡。桩基两边的分流与随后跟进的水体一同前进，绕过桩基的各个水体在磨合中融为一体，同时在桩后面形成尾流漩涡（陆浩 等，1992）。尾流漩涡形状与雷诺数密切相关，在不同雷诺数情况下，尾流形态如图5.2所示。当雷诺数较小时，流动没有分离，上、下游流动基本对称；当雷诺数较大时，流动分离，圆柱后面出现两个对称的漩涡；雷诺数继续变大时，在尾流中形成两排反向漩涡，交错排列，也称卡门涡街；当雷诺数大到400时，涡街消失形成湍流（Douglas et al.，1992）。在潮汐涨、落潮过程中，流速方向、大小交替变化。因此，上述各种漩涡都可能形成。最终，桩柱周围形成的水流体系如图5.3所示。

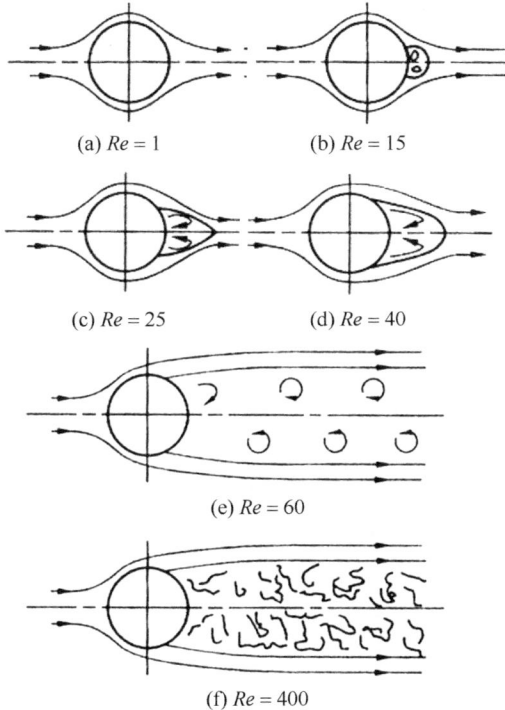

(a) $Re = 1$ (b) $Re = 15$

(c) $Re = 25$ (d) $Re = 40$

(e) $Re = 60$

(f) $Re = 400$

图5.2　流体的圆柱绕流

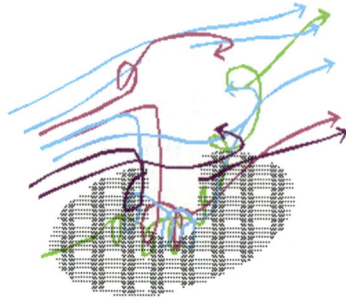

图 5.3　桩柱周围形成的水流体系

5.1.2　桩基绕流试验

（1）流态变化

水流遇到圆柱桩基时，由于圆柱桩基阻碍，流速变慢，同时水流向圆柱桩基两侧分流，斜射前进。水流绕过圆柱桩基后，桩基两侧分流继续前行，不断在圆柱桩基后形成很长的流速"拟合带"，最后又融为一体。

紧靠圆柱桩基背水面侧受桩基及两侧分流影响，形成"涡流"，夹在"拟合带"中。流态及流矢情况见图 5.4。

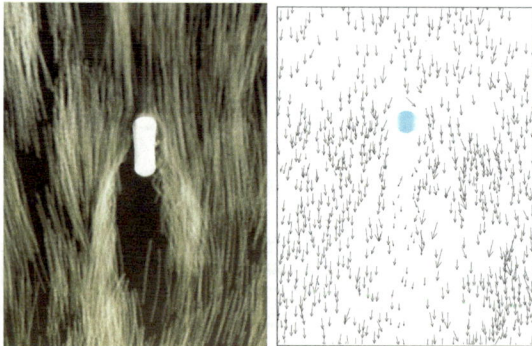

图 5.4　圆柱桩基阻水照片及水流流矢

（2）流速变化

根据有、无圆柱桩基两种条件下的水流变化情况，绘制圆柱桩基影响水流后流速差值变化百分比等值线见图 5.5，特点如下：

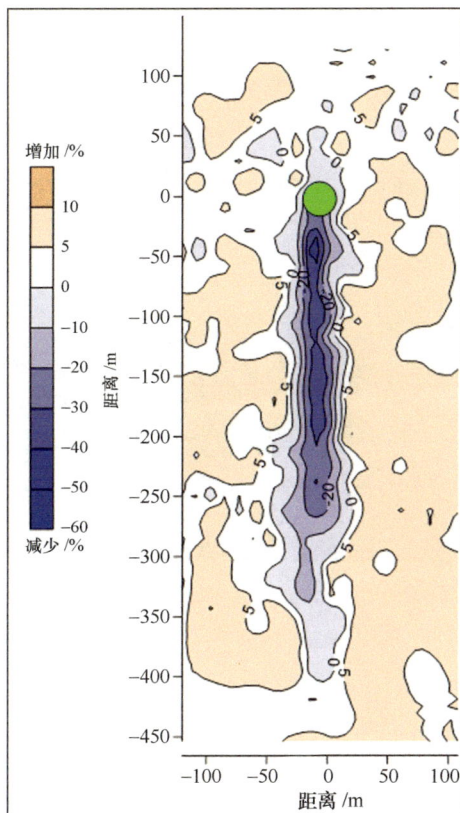

图 5.5　圆柱周边流速差值变化百分比等值线

①圆柱桩基水流方向上背水面"拟合带"最远约 400.00 m，"拟合带"内流速最大减小约 50%，减小范围在桩基直径 30 倍之内。

②圆柱桩基两侧流速略有增加，增加幅度在 10%以内，增加

范围为7倍桩基直径。

在波流共同作用下，随着波浪传播，在基础结构处形成"漩涡状圆环"褶皱，绕过基础结构后，"圆环"向两侧发散。图5.6为波流共同作用下单桩结构水面形态。

图5.6　波流共同作用下单桩结构水面形态

5.2　桩基影响下的水流垂向变化

沿水深方向，水流遇到桩柱时，流速减弱的同时，水流下切冲向底床，图5.7为垂直切面水流变化示意（Dey et al.，2006a）。

水流受到桩基阻碍的水面从迎水面壅水，到桩基身后跌落，最后扩散与正常水面相接，将这一过程绘制出水面曲线，如图5.8所示。

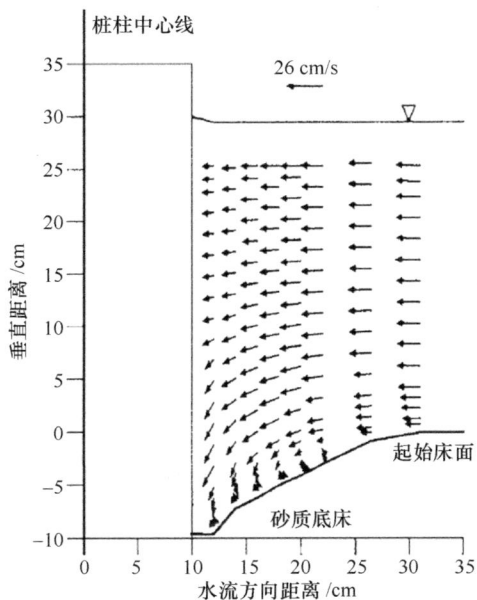

图 5.7 垂直切面水流变化示意

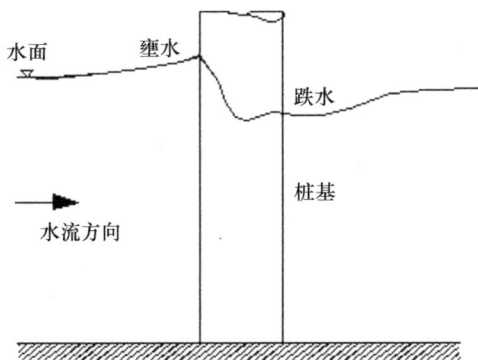

图 5.8 桩基附近的水面曲线

5.3 冲刷坑形成

当桩柱引起的水流变化达到泥沙起动条件时会淘刷桩柱底床泥沙，这一过程最终形成桩柱局部冲刷坑。图 5.9 为冲刷坑与桩柱周围水流体系对应变化图（Hartvig，2011）。冲刷坑冲刷深度和冲刷范围是不断累积变化的，从最初的平面底床到冲刷坑相对平衡，经历了不断的累积变化。图 5.10 为模型试验中冲刷坑深度与桩柱直径比值随时间变化示意（Solberg et al.，2006）。桩柱冲刷坑仅在最初的 2 h 内变化大，然后变化很小，最终呈相对缓慢的变化趋势。

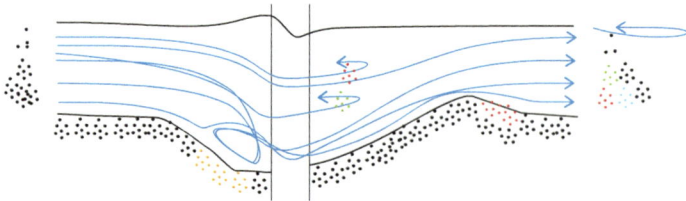

图 5.9 冲刷坑与桩柱周围水流体系对应变化

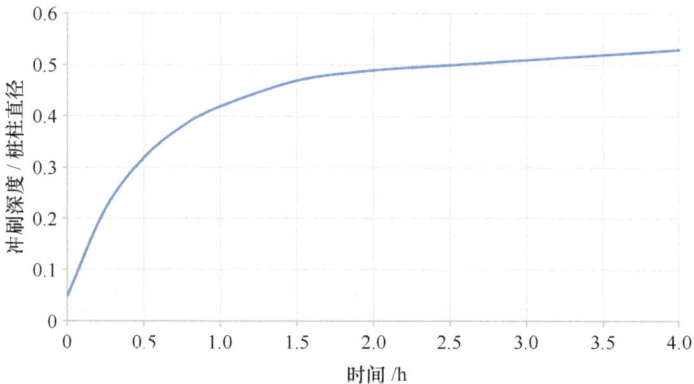

图 5.10 冲刷坑深度与桩柱直径比值随时间变化示意

第6章　风机基础局部冲刷模拟

海上风电基础一般尺寸较大，目前的单桩结构直径基本都大于 3.5 m，较大的基础桩基尺寸引起的局部冲刷问题不容忽视。基础局部冲刷模拟可以采用数学模型和物理模型等手段实现。常用的数学模型包括 Ansys-Fluent、Flow3D 和 OpenFOAM 等，这类模型在模拟桩基附近的水流结构和动力特征方面应用效果良好，但由于桩基附近泥沙运动的复杂性，难以精确预测局部冲刷的深度和范围。

在局部冲刷模拟预测方面，物理模型试验相较于数学模型更具优势，能够更准确地预测冲刷深度，并能直观地展示冲刷形态和范围。特别是通过系列模型延伸法，已经成功解决了许多实际工程中的局部冲刷问题。在受潮流作用影响的桩基冲刷工程应用中，通常关注的是最大冲刷深度和范围。物理模型一般模拟可能最大流速条件下的局部冲刷，这使得分析变得更为直接和简化。此外，在解决受波流共同作用下的复杂桩基冲刷问题时，物理模型更是发挥着不可或缺的作用。

桩基局部冲刷的物理模型一般需要进行缩尺处理，这就要求模型必须满足一些基本的几何比尺相似条件。要准确模拟局部冲刷泥沙运动，水流、波浪和泥沙运动均要满足相似的基本准则。

6.1 系列模型理论

海上风电基础局部冲刷是三维问题，垂向水流及马蹄形漩涡水流运动是决定冲刷深度及形态的主要因素。研究表明，利用正态动床物理模型来预测基础冲刷深度是常用且有效的研究手段。但在实际研究中，由于受模型沙选择及试验设备限制等原因，设计出实际上可行又能完全符合水流、波浪及泥沙运动相似定律的模型是非常困难的。因此，往往采用系列模型进行研究，通过开展一系列不同比尺的正态模型试验，并将试验结果延伸来消除由于模型和原型的泥沙运动不完全相似而带来的试验结果偏差，工程实践证明该研究技术手段是可靠的（陆浩等，1992）。

在系列模型中，由于泥沙运动不能完全满足相似定律，因此局部冲刷深度也不符合相似要求。这意味着局部冲刷深度 h_s 不能简单地按几何比尺 λ_h 和模型冲刷深度直接计算得出。需通过将各个不同比尺模型试验结果延伸到比尺相似模型，以消除偏差。

假设完全符合相似条件的正态模型几何比尺为 λ_{h0}，系列模型拟选用的不同相似模型几何比尺为 λ_h，当模型完全满足正态模型相似条件时，$\lambda_{hs} = \lambda_h = \lambda_{h0}$（$\lambda_{hs}$ 为冲刷深度比尺）；当模型偏离正态模型相似条件时，$\lambda_{hs} \neq \lambda_h \neq \lambda_{h0}$。$\lambda_{hs}$ 之所以偏离 λ_h，是由于 λ_h 偏离 λ_{h0} 造成的。λ_{hs} 偏离 λ_h 的程度大小，取决于 λ_h 偏离 λ_{h0} 的程度大小，如把这种关系用函数关系式表示出来，则有

$$\frac{\lambda_{hs}}{\lambda_h} = \left(\frac{\lambda_{h0}}{\lambda_h}\right)^n \qquad (6-1)$$

冲刷深度比尺 $\lambda_{hs} = \dfrac{h_p}{h_m}$，式(6-1)可改写为

$$h_p = \lambda_h h_m \left(\frac{\lambda_{h0}}{\lambda_h} \right)^n \qquad (6-2)$$

在双对数坐标系上以 h_m 为纵轴，λ_h 为横轴，作图成直线关系，当 $\lambda_h = \lambda_{h0}$ 时，$h_p = \lambda_h h_m$，即可求出原型冲刷深度 h_p。

也可直接利用系列模型其中两个比尺模型的 h_m 值和 λ_h 值求出 n 值，即：

$$n = \frac{\lg(h_{m2}\lambda_{h2}) - \lg(h_{m1}\lambda_{h1})}{\lg \lambda_{h2} - \lg \lambda_{h1}} \qquad (6-3)$$

再用式(6-2)直接计算，得出原型冲刷深度。

桩基冲刷物理模型相似理论同 4.5 节，此外，模型比尺的确定还应兼顾考虑以下经验因素(高正荣 等，2005)：

①流速：各比尺模型实际流速必须大于等于模型沙起动流速，即 $U_m \geqslant (U_c)_m$。根据大量研究实践经验，最高临界流速 $U_m \leqslant 2.5 \sim 3.0(U_c)_m$。

②雷诺数：要求模型水流必须是紊流，模型雷诺数须大于 2 000。

③水深：模型水深 $h_m > 1.5$ cm，以消除模型表面张力影响。

④休止角：为使风机基础冲刷坑几何形态相似，模型沙与原型沙水下休止角应相等，即 $\psi_p = \psi_m$。

⑤基础压缩比：B/b 必须大于 8(B 为水槽宽，b 为基础宽)，基础最小宽度应大于等于 0.03 m。

⑥模型主要任务是研究基础附近冲刷深度及形态，因此在泥沙运动方面主要考虑模型沙起动相似，以及水下休止角相似，以此选择模型沙。

6.2 水流作用下局部冲刷物理模型案例

6.2.1 风机基础结构

风机基础采用高桩混凝土承台基础。承台直径 14.00 m，厚度为 3.00~4.50 m。每个基础下设置 8 根直径 1.70 m 的钢管桩，采用 5:1 的斜桩。

6.2.2 潮流条件

风电场海域潮流运动的基本形态为每天两涨两落，具有明显的往复流特性，涨、落潮流向基本为东西向。实测涨潮垂线最大流速为 1.64~1.78 m/s，落潮垂线最大流速为 1.50~1.68 m/s。模型采用工程海域可能最大流速进行试验，可能最大流速为 2.39 m/s。

6.2.3 底质条件

工程区海底较平缓，海底滩面高程为 -12.87~-10.00 m，滩地表层主要为淤泥，局部夹薄层粉土，表层主要是中值粒径为 0.001 mm 的淤泥质粉质黏土。

各土层的工程地质特性详见表 6.1。第④层、第⑤₃ 层及其以上土层为流塑或软塑、高压缩性的饱和软黏土；第⑥层为暗绿色粉质黏土，可塑-硬塑，中压缩性，埋深浅；第⑦₁₋₁ 层为草黄色砂质粉土，局部夹薄层黏性土，呈中密状态，中偏低压缩性。风电桩柱局部冲刷首先从近表层开始，冲刷坑最大冲深在第④层以内。

74

表 6.1 地层特性

地质时代	土层层号	土层名称	层厚/m	层底标高/m	成因类型	颜色	湿度	状态	密实度	压缩性	土层描述
Q_4^3	①	淤泥	0.40~1.80 0.86	-13.77~-10.99 -11.91	—	灰黄色	饱和	流塑	—	高等	夹少量薄层粉砂团块，局部夹粉土，土质很软，钻具自沉，含水量高
	③	淤泥质粉质黏土	0.70~6.80 3.63	-18.93~-12.51 -15.56	浅海-滨海	灰色	饱和	流塑	—	高等	夹薄层粉砂（0.15~0.35 cm），切面较光滑，含云母，韧性中等
Q_4^2	④₁	淤泥质黏土	6.70~14.90 10.35	-27.99~-22.29 -25.46	滨海-浅海	灰色	饱和	流塑	—	高等	切面光滑，夹薄薄层粉砂及少量有机物，干强度高，韧性较高
	④₂	粉质黏土夹粉土	1.00~3.40 1.96	-29.52~-24.78 -27.48	滨海-浅海	灰色	饱和	软塑	松散	高等	夹薄层粉砂粉土较多，局部互层状黏质或黏质粉土，含少量贝壳碎屑
	④₃	淤泥质粉质黏土	1.20~10.20 5.02	-35.02~-28.74 -31.70	滨海-浅海	灰色	饱和	流塑	—	高等	夹少量薄层粉土及粉砂团块，含少量贝壳碎屑

地质时代	土层层号	土层名称	层厚/m	层底标高/m	成因类型	颜色	湿度	状态	密实度	压缩性	土层描述
Q_4^1	⑤₃	黏土	3.00~22.50 9.03	-52.63~-37.73 -41.31	滨海-沼泽	灰色	饱和	软塑	—	高等	夹少量粉砂团块,部分为黏质粉土,含少量腐殖质碎屑及钙质结核。该层主要分布在5号、9号及30号风机
	⑤₄	粉质黏土	1.80~2.30 2.01	-42.21~-39.83 -40.68	滨海-沼泽	灰色	很湿	可塑	—	中等	混夹粉土,土质不均,含少量铁锰质结核,含少量有机质,韧性及干强度中等。该层分布在8号、9号风机
Q_3^3	⑥	粉质黏土	1.70~5.20 2.96	-36.88~-32.23 -34.52	河口-湖泽	暗绿色	很湿	可塑-硬塑	—	中等	含氧化铁斑点,混夹黏土,切面粗糙,干强度低。该层在Ⅱ古河道区缺失

地质时代	土层层号	土层名称	层厚/m	层底标高/m	成因类型	颜色	湿度	状态	密实度	压缩性	土层描述
	⑦₁₋₁	砂质黏土	1.70~6.30 / 4.08	-40.71~-36.27 / -38.61	河口-滨海	草黄色	饱和	—	中密	中偏低	混夹黏土，切面粗糙，含云母，干强度低
	⑦₁₋₂	粉砂	3.60~14.60 / 8.88	-51.72~-43.86 / -47.92	河口-滨海	灰黄色	饱和	—	密实	中偏低	混夹少量黏土，含云母，摇振反应迅速，切性低
	⑦₂₋₁	粉砂	12.40~22.70 / 18.24	-70.80~-60.54 / -66.24	河口-滨海	灰黄、灰色	饱和	—	密实	低等	砂质均匀，混夹少量黏土，含云母，干强度低
	⑦₂₋₂	粉细砂	11.00~24.001 / 6.07	-91.35~-76.51 / -82.69	河口-滨海	灰色	饱和	—	密实	低等	颗粒均匀，砂质纯，摇振反应迅速
Q_3^2	⑧	粉质黏土	0.40~4.20 / 2.13	-81.00~-78.01 / -79.07	滨海-浅海	灰色	很湿	—	—	中低	含云母，具交错层理。该层仅分布在17号风机
	⑨	含砾中粗砂	未钻穿	未钻穿	滨海-浅海	灰黄色	饱和	—	密实	低等	砂质较纯，局部夹粉细砂，含少量砾石，砾石呈次浑圆状，直径0.3~5 cm

6.2.4 模型设计及模型沙选择

研究海域为潮流作用地区，主要研究基础局部冲刷问题，模型水流主要应满足惯性力重力比相似，即：$\lambda_U = \lambda_h^{1/2}$，按水流相似条件（$\lambda_U = \lambda_h^{1/2}$）和泥沙起动相似（$\lambda_{Uc} = \lambda_U$）来计算符合相似条件的模型比尺（$\lambda_{h0}$）。

由现场土层采样资料分析可知，海床表层第①层为淤泥，厚度为 0.40~1.80 m，土质很软，土层薄，抗冲性弱，风电场工程基础建成后为首要冲刷掉的土层；第③层为淤泥质粉质黏土，厚度为 0.70~6.80 m；第④₁ 层为淤泥质黏土，厚度为 6.70~14.90 m。根据土层力学性质参数分析，土层越深，抗冲性越强，由于第①层土层较薄，以第③层作为试验土层。出于安全考虑，取淤泥质粉质黏土的最小黏聚力 10 kPa 作为试验参数。由黏性土抗冲等效粒径（d）与黏聚力（c）关系 $d = 0.34c^{5/2}$，抗冲等效粒径选为 1.13 mm，$\gamma_s = 2.65$ t/m³。

由基础结构附近底质条件，综合考虑试验采用经防腐处理的混合木屑作模型沙，中值粒径 $d_{50} = 0.8$ mm，$\gamma_s = 1.16$ t/m³。根据泥沙起动流速公式（毛昶熙 等，1995）

$$U_c = 1.51\sqrt{(s-1)gd}\left(\frac{h}{d}\right)^{1/6} \qquad (6-4)$$

和水流运动相似式，可得模型几何比尺与泥沙特性关系

$$\lambda_{h0} = \lambda_d \lambda_s^{3/2} \qquad (6-5)$$

计算得出所选模型沙相似模型比尺 $\lambda_{h0} = 46$。$s = \gamma_s / \gamma$，γ 为水的容重。

原型淤泥质粉质黏土水下休止角，按金腊华等（1990）公式计算得出 $\varphi = 36°$，模型沙水下休止角在圆筒中用颗粒沉降法进行测量，水下休止角为 34°~36°。所选模型沙基本满足了风机基础结

构局部冲刷水下休止角相等的要求。

综合考虑试验场地、水量条件，试验选用模型比尺 $\lambda_h = 80$、120、160，流速比尺分别为 8.94、10.95、12.65。

6.2.5 局部冲刷试验

6.2.5.1 最大冲刷深度

系列模型中冲刷深度不能直接以模型几何比尺来换算，需要将试验结果延伸来求出冲刷深度。由基础结构不同比尺的正态模型冲刷深度 h_m 和相应的 λ_h 之间的关系可以得到

$$h_p = \lambda_h \lambda_m \left(\frac{\lambda_{h0}}{\lambda_h} \right)^n$$

式中，h_p 为天然冲刷深度；n 由不同比尺基础结构试验结果计算得出。

试验取用两种代表性水位，一种为高潮位(3.68 m)，风电桩基承台大部分在水中；另一种是低潮位(-2.09 m)，风电桩基仅斜桩在水中，承台不浸入水中。系列模型参数 n 值基本为 $-0.13 \sim 0.15$，试验得到冲刷深度与模型比尺关系(图 6.1)，各潮位情况下冲刷深度随比尺变化规律明显，公式换算原型最大冲刷深度见表6.2。比尺80、120、160模型最大冲刷深度换算至原型冲刷深度基本一致，高潮位和低潮位下最大冲刷深度分别为 6.01 m 和 4.56 m。

表6.2　最大冲刷深度计算结果

潮位	深度换算	模型比尺			平均值
		80	120	160	
平均低潮位	模型冲深 h_m/cm	5.30	3.30	2.40	
	换算至原型冲深 h_p/m	4.58	4.52	4.57	4.56
极端高潮位	模型冲深 h_m/cm	7.00	4.40	3.20	
	换算至原型冲深 h_p/m	6.02	5.98	6.02	6.01

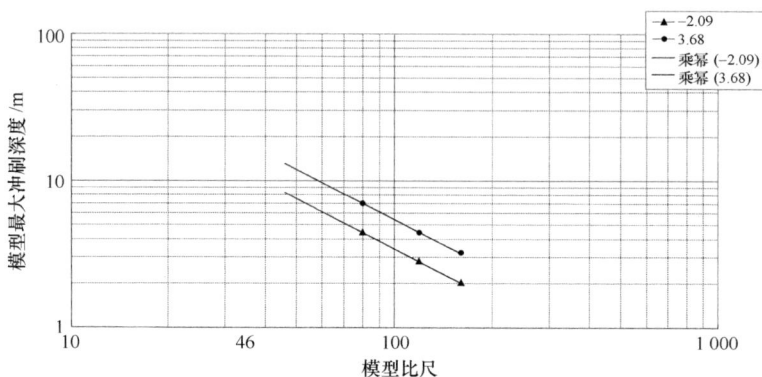

图 6.1　冲刷深度与模型比尺关系

6.2.5.2　冲刷范围、幅度

将模型各测点冲淤值经过换算得到原型冲淤值，绘出两种潮位条件下基础结构周围冲刷坑形态。图 6.2 和图 6.3 为在单向水流作用下两种潮位冲刷形态等值线及其照片。

冲刷形态显示在单向水流作用下，冲刷带主要在基础结构两侧附近地带和基础结构背水面地带。在基础结构背水面的中轴线上有一狭长的淤积区。基础结构下方略有冲刷，但冲刷幅度不是很大。基础结构迎水面冲刷幅度稍微比基础结构两侧小。基础结构局部冲刷特征和水流动力特征相对应，潮位高低对冲刷地形形态没有本质影响，仅是冲刷幅度略有调整。

不同潮位条件下，基础结构背水面冲刷地带沿水流方向即纵向冲刷深度 2.00 m 以上范围为 20～50 m，横向冲刷范围为 30～50 m，冲刷最深处都在基础结构背水面距基础结构边缘 20.00 m 内。基础结构周围冲刷沟槽从桩根部向外 10.00 m 左右。

基础结构冲刷形态表明，基础结构各个单桩引起的冲刷不明

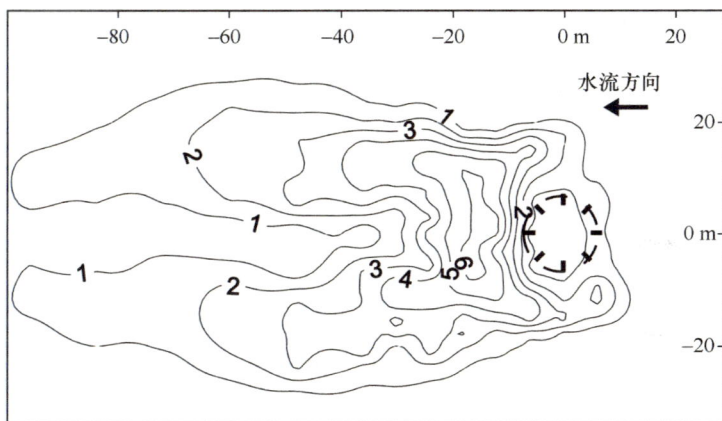

图 6.2　极端高潮位时基础结构局部冲刷照片及冲刷形态等值线

显，更多体现的是整体影响冲刷效果。基础结构两侧和背水面是主要的冲深区，这与引起基础结构冲刷的主要动力基础结构两侧绕流和尾流漩涡是一致的。

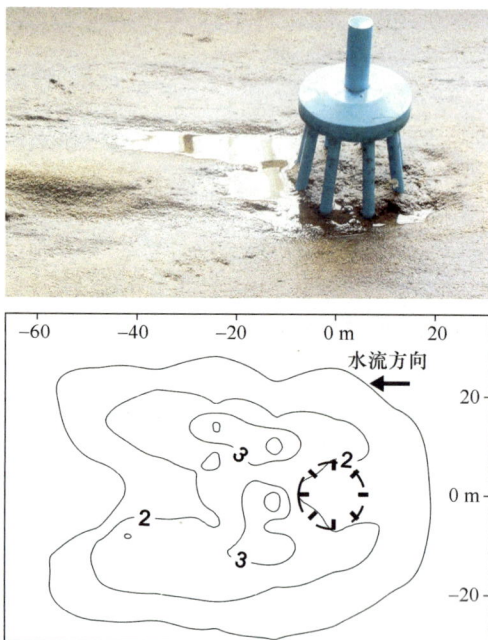

图 6.3 平均低潮位时基础结构局部冲刷照片及冲刷形态等值线

6.3 波流作用下局部冲刷物理模型案例

6.3.1 基础及海域基本情况

风机基础单桩基础为直径 4 700～6 000 mm 的钢管桩。海底滩面高程为 -7.20～-5.00 m(85 高程系统),海底地势较平缓。

6.3.2 海域自然条件

6.3.2.1 潮流

海域可能最大海流流速为 1.60 m/s。

6.3.2.2 波浪

风电场区为开阔海域，波浪较大。表6.3为不同高潮位下的波浪要素。

表6.3 不同高潮位下的波浪要素

水位	重现期 /年	平均波高(H) /m	波周期(T) /s	波长(L) /m	$H_{1\%}$ /m	$H_{13\%}$ /m	H_{max} /m
设计高潮位	50	3.61	9.22	81.46	5.44	4.12	7.66
极端高潮位	50	3.90	9.51	91.59	5.92	4.45	8.28

6.3.2.3 底质

场地在勘察深度(最大深度为104.34 m)范围内揭露的地基土均属第四纪沉积物，主要由黏性土、粉性土及砂类土组成。具体各地层分布规律如下：

第①层淤泥(Q_4^3)：灰色，流塑，高等压缩性，含有机质、云母碎屑、粉砂及贝壳，有嗅味，切面少有光泽，干强度中等，韧性中等。层顶标高-7.08~-5.87 m(-6.46 m，平均值，下同)，层厚0.50~2.90 m(1.27 m)。场地均分布。

第③层淤泥质粉质黏土(Q_4^2)：灰色，流塑，高等压缩性，含有机质，云母碎屑，夹1~3 mm厚的薄层粉砂，个别达5~6 mm，偶见贝壳，局部为粉质黏土，具水平层理，切面稍有光泽，干强度中等。层顶标高-9.48~-6.59 m(-7.73 m)，层厚3.50~6.80 m(5.19 m)。场地均分布。

第④层淤泥质黏土(Q_4^2)：灰色，流塑，高等压缩性，含有机质，云母碎屑，夹1~2 mm厚的薄层粉砂，偶见贝壳，局部为粉质黏土，具水平层理，切面稍有光泽，干强度高，韧性高。

层顶标高−14.50~−11.74 m(−12.92 m),层厚 6.30~13.10 m (8.37 m)。场地均分布。

6.3.3 局部冲刷模型设计

根据土层力学性质参数分析,土层越深,抗冲性越强,由于第①层土层较薄,以第③层、第④层作为试验土层。

浅层的淤泥质粉质黏土抗冲能力较强,起动流速较大,冲蚀的土样不是以单个颗粒形式运动,而是以片状形式被剥离,随着流速增大,表层薄弱部分被不断冲蚀。由于该层土中含少量贝壳、粉砂,土质不均。考虑工程长期安全,取第③层淤泥质粉质黏土和第④层淤泥质黏土的代表黏聚力 9 kPa 作为试验参数。由黏性土抗冲等效粒径与黏聚力关系 $d = 0.34c^{5/2}$,抗冲等效粒径选为 0.87 mm,$\gamma_s = 2.65$ t/m³。

模型水流、波浪泥沙起动相似,按 $\lambda_{U_c} = \lambda_U = \lambda_h^{1/2}$ 来计算符合相似条件的模型比尺 λ_{h0}。

根据泥沙起动流速公式(6-4)和刘家驹波浪作用下泥沙起动波高公式(4-54),得到模型几何比尺与泥沙特性的关系 $\lambda_{h0} = \lambda_d \lambda_s^{3/2}$

根据研究目的及经验,底沙模型一般有煤粉、木屑等供选择。考虑波浪作用,最终选用煤粉作模型沙,煤粉 $\gamma_s = 1.35$ t/m³,如煤粉中值粒径选 $d_{50} = 0.25$ mm,计算得到 $\lambda_{h0} = 36$。考虑模型实际条件及水泵条件,系列模型比尺取 50、70、90 三种。

6.3.4 试验概况

风机基础冲刷试验在室内水槽中进行,水槽长 32.00 m,宽 5.00 m,高 1.20 m。水槽一端为推板式造波机,在冲刷试验前进行波浪率定试验。为进行波流共同作用下冲刷试验，水槽安装水泵，可产生水流。

试验段为长 6.00 m，宽 4.00~5.00 m，深 0.60 m 的坑，里面铺有模型沙，即动床铺沙段。试验中在动床中部垂直放置不同比尺的模型，并在其周围布置测桥，随时测量基础结构周围的地形冲淤变化。

模型流量通过混流泵及尾门控制，模型水位由测针测量，模型流速由直读式旋桨流速仪监测。冲刷地形测量采用断面法，操纵测针读取地形数据。

6.3.5 模型试验

(1) 最大冲深

通过试验得到模型最大冲刷深度与模型比尺关系见图 6.4，不同水位条件原型最大冲刷深度根据公式换算见表 6.4。50、70、90 的比尺模型最大冲刷深度换算到原型后，冲刷深度基本接近。极端高水位条件下冲刷深度最大为 5.10 m。

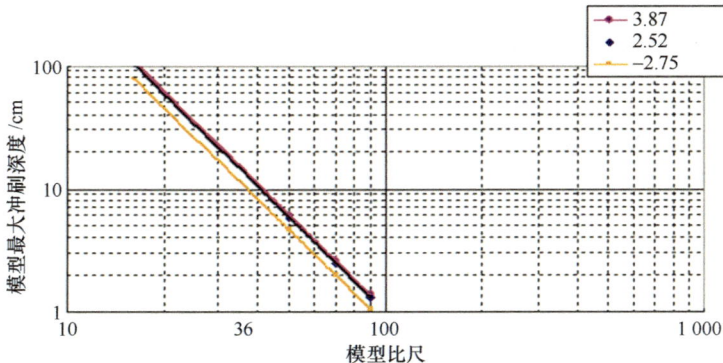

图 6.4 冲刷深度与模型比尺关系

表 6.4　最大冲刷深度计算结果

潮位	深度换算	模型比尺			平均值
		50	70	90	
设计高潮位	模型冲刷深度/cm	5.80	2.46	1.30	—
	换算至原型冲刷深度/m	4.81	4.79	4.80	4.80
极端高潮位	模型冲刷深度/cm	6.11	2.58	1.36	—
	换算至原型冲刷深度/m	5.10	5.10	5.11	5.10
极端低潮位	模型冲刷深度/cm	3.15	1.70	1.10	—
	换算至原型冲刷深度/m	2.47	2.46	2.47	2.47

（2）冲刷平面分布

图 6.5 至图 6.7 为在波流共同作用下，极端高潮位、设计高潮位及极端低潮位冲刷形态等值线及其照片。

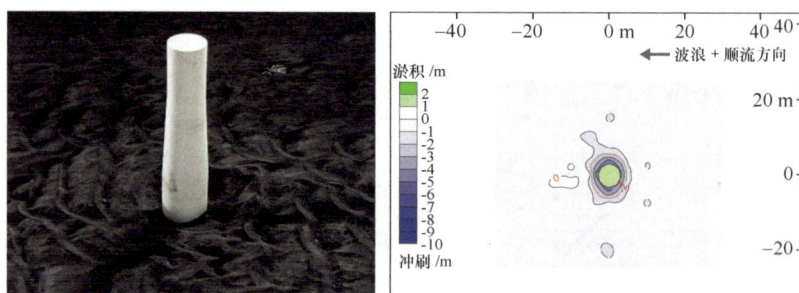

图 6.5　极端高潮位时基础结构局部冲刷照片及冲刷形态等值线

冲刷形态显示在波流共同作用下，单桩冲刷坑主要在单桩四周，背流、浪面地带冲刷略小于桩前面及两侧，整个冲刷形状似"勺"。单桩背水面的中轴线附近为淤积区。冲刷最深处一般在单桩结构两侧，紧贴桩基。

86

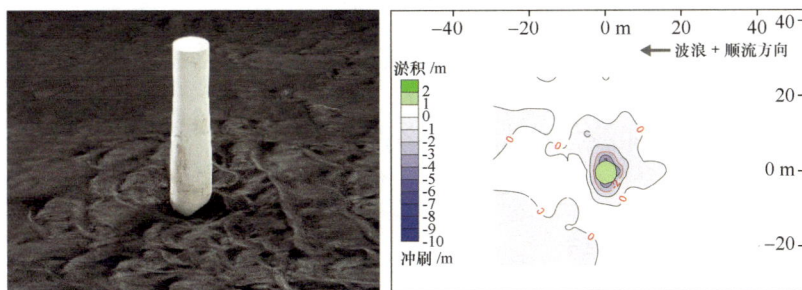

图 6.6　设计高潮位时基础结构局部冲刷照片及冲刷形态等值线

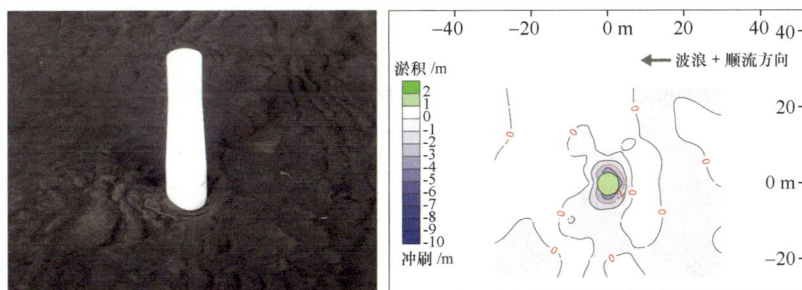

图 6.7　极端低潮位时基础结构局部冲刷照片及冲刷形态等值线

极端高潮位条件下，冲刷深度−2.00 m（深度从床面向下）以上范围最远在单桩中心约 6.50 m 半径周围，横向约 12.00 m，纵向约 9.00 m，冲刷深度−1.00 m 最远约为 12.50 m。

设计高潮位条件下，冲刷深度−2.00 m（深度从床面向下）以上范围最远在单桩中心约 5.80 m 半径周围，横向约 11.00 m，纵向约 8.00 m。

极端低潮位条件下，冲刷深度−2.00 m（深度从床面向下）以上范围最远在单桩中心约 5.50 m 半径周围，横向约 10.00 m，纵向约 7.00 m。

上述冲刷特征表明，单桩结构冲刷范围主要在单桩四周，整个冲刷形状似"勺"。单桩背水面的中轴线附近为淤积区。

6.4 水流和波浪对局部冲刷的影响研究物理模型案例

6.4.1 模型介绍

（1）模型试验设计

研究动力包括潮流、波浪，体现局部冲刷问题，模型水流主要应满足惯性力、重力比相似，即 $\lambda_U = \lambda_h^{1/2}$；同时模型需满足波浪传播速度及水质点运动、波浪折射及波浪破碎等波况与原型相似。模型需采用正态模型，即保证潮流、波浪运动相似。

（2）模型沙选择

波浪起动要求模型沙不能太轻，故试验采用煤粉作模型沙，其 $\gamma_s = 1.35$ t/m^3，中值粒径 $d_{50} = 0.25$ mm，模型比尺为 60。

（3）试验结构

试验选用高桩承台结构作为比较对象，高桩混凝土承台直径 14.0 m，每个基础下设置 8 根直径 1.70 m 的钢管桩，采用 5.5：1 的斜桩。

（4）试验组次

试验主要是潮流、波浪动力冲刷对比，主要组次为 3 组（表 6.5），水位及结构物尺寸均相同。

表 6.5 试验组次

组次	水位/m	流速/(m·s⁻¹)	波高/m	波周期/(m·s⁻¹)	比尺
1	3.87	1.60	—	—	60

组次	水位/m	流速/(m·s⁻¹)	波高/m	波周期/(m·s⁻¹)	比尺
2	3.87	—	4.45	9.51	60
3	3.87	1.60	4.45	9.51	60

6.4.2 冲刷成果分析

（1）冲刷形态对比

单独水流作用下，结构物局部冲刷坑明显，冲刷坑紧贴结构物四周，冲刷坑外围尾流漩涡痕迹线区冲刷不甚明显（图6.8）；单独波浪作用下，结构物冲刷坑不明显，结构物四周均是波状沙纹（图6.9）；波流共同作用时，冲刷坑形态与单独水流冲刷形态稍有不同，其冲刷深度比单独水流作用下的深，特别是桩周围冲刷明显大于单独水流冲刷。冲刷坑外围在水流、波浪行进方向，结构物左、右两侧有波纹状尾流冲刷痕迹区，且尾流痕迹区向两侧展开角度大于单独水流痕迹区（图6.10）。

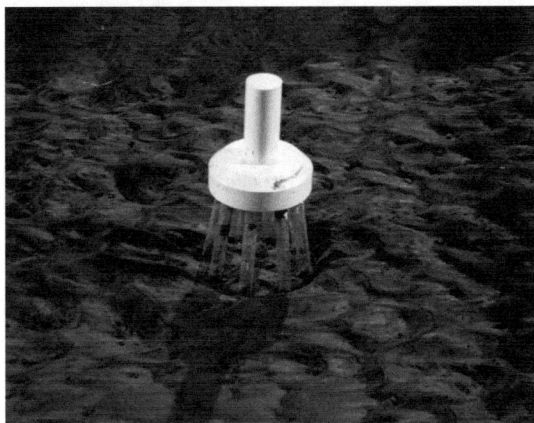

图6.8 水流作用下冲刷形态照片

图 6.9　波浪作用下冲刷形态照片

图 6.10　波流共同作用下冲刷形态照片

（2）冲刷程度对比

模型试验中，单独水流作用下模型相对冲刷深度约 5.97 cm，单独波浪作用下相对冲刷深度约 0.90 cm。从冲刷深度看，单独波浪作用冲刷深度仅为水流作用冲刷深度的15%左右。水流对结构局部冲刷影响明显大于波浪作用。波流共同作用下的冲刷深度比单独水流冲刷深度增加约22%，显示波流共同影响大于单独水流作用，也大于单独水流与单独波浪的叠加。

图6.11为波流共同作用与单独水流作用冲刷深度等值线比较，可以明显看出冲刷形态与冲刷深度的变化。桩周围的冲刷深度增加1.00 cm，冲刷坑外20 m内冲刷深度均有增加。最大的区别是尾流痕迹区两个明显的冲深沟走向不同，波流共同作用时尾流冲刷沟张开角度明显大于单独潮流作用下的。

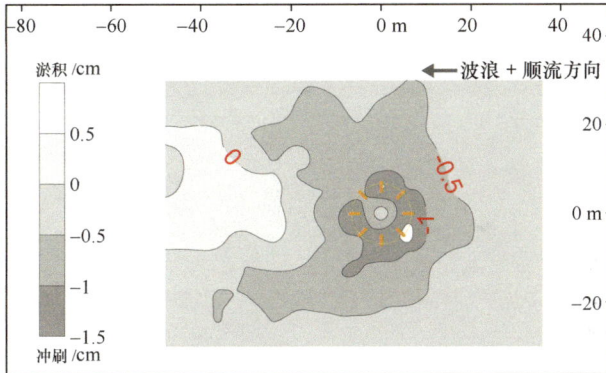

图6.11　冲刷深度等值线比较(波流共同冲刷–水流冲刷)

（3）水流和波浪对冲刷的影响

上述试验中，水流、波浪冲刷的差别表明水流和波浪对建筑物局部冲刷的机理是有区别的。水流冲刷，主要是驻点压力产生下切水流和漩涡冲刷；波浪局部冲刷受波浪运动特点限制，波浪传播过程中影响建筑物底部泥沙运动的是波浪轨迹速度，而波浪轨迹速度越到水底越小。当受建筑物阻碍时，波浪产生变形，这些活动均在水表面进行，对建筑物底部泥沙运动影响不大；当波流共同作用于建筑物时，对建筑物的局部泥沙运动还是回到"波浪掀沙，潮流输沙"的机理中。

波流共同作用与水流单独作用时的尾流冲刷区形态走向有所不同。水流碰到建筑物时，向建筑物两边绕，绕过建筑物后，水流不断汇合到一起；波浪碰到建筑物时产生绕射，向两侧展开。

第7章　风机基础局部冲刷计算

目前，对潮流作用下海上风电基础局部冲刷进行研究，可以借鉴河道桥梁局部冲刷计算公式，而对于波流共同作用下的海上风电基础局部冲刷问题，大多进行物理模型试验研究确定。基于物理模型试验结果和现场冲刷数据，一些研究学者提出了海上基础局部冲刷深度计算公式，典型的如韩海骞等（2016）和王汝凯（1983）公式等，这些经验公式为波流共同作用下局部冲刷深度预测提供了简便途径。由于潮流、波浪动力、泥沙条件及风电基础的复杂性，目前还没有通用性较好的波流局部冲刷深度计算公式。

海上风电基础局部冲刷受海域动力条件、底质条件及风电基础条件等因素（陆忠民，2016）的共同影响，其主要影响特征因素如下。

①流动特征因素：水深、流速、波浪等。

②海床底质特征因素：泥沙性质、泥沙密度、泥沙粒径、泥沙级配等。

③基础桩柱特征因素：基础桩柱尺寸、形状等。

目前，局部冲刷公式或多或少考虑了以上因素的影响，本章对常用的局部冲刷最大冲刷深度和半径经验公式进行系统总结。

7.1　水流局部冲刷深度计算公式

桩柱对水流的影响主要是迎水面和两侧绕流，水流的变化反过来影响桩柱周围泥沙起动，最后形成桩柱局部冲刷坑。根据影响冲刷坑的影响因素，水流作用下局部冲刷深度经验公式如下：

（1）我国公路、铁路部门对桥梁、桥墩冲刷问题进行了诸多研究，摘录《公路工程水文勘测设计规范》（JTG C30—2015）中的公式如下。

① 局部冲刷计算公式

当 $v \leqslant v_0$ 时，$h_s = k_\delta k_{\eta 2} B_1^{0.6} h_p^{0.15} \left(\dfrac{v - v_0'}{v_0} \right)$ （7 - 1）

当 $v > v_0$ 时，$h_s = k_\delta k_{\eta 2} B_1^{0.6} h_p^{0.15} \left(\dfrac{v - v_0'}{v_0} \right)^{n_2}$ （7 - 2）

$$k_{\eta 2} = \frac{0.002\,3}{\overline{d}^{\,2.2}} + 0.375\overline{d}^{\,0.24}$$ （7 - 3）

$$v_0 = 0.28(\overline{d} + 0.7)^{0.5}$$ （7 - 4）

$$v_0' = 0.28(\overline{d} + 0.5)^{0.55}$$ （7 - 5）

$$n_2 = \left(\frac{v_0}{v} \right)^{0.23 + 0.19 \lg \overline{d}}$$ （7 - 6）

式中，h_s 为冲刷深度（m）；h_p 为一般冲刷后最大水深（m）；k_δ 为墩形系数；$k_{\eta 2}$ 为河床颗粒影响系数；$\overline{d}$ 为床沙平均粒径（mm）；B_1 为墩宽（m）；v 为桥墩上游平均行进流速（m/s），v_0 为泥沙起动流速（m/s）；v_0' 为桥墩泥沙起动流速（m/s）；n_2 为指数。

② 黏性土河床桥墩局部冲刷计算公式

当 $\dfrac{h_p}{B_1} \geqslant 2.5$ 时，$h_s = 0.83 k_\delta B_1^{0.6} I_L^{1.25} v$ （7 - 7）

当 $\dfrac{h_p}{B_1} < 2.5$ 时，$h_s = 0.55 k_\delta B_1^{0.6} h_p^{0.1} I_L^{1.0} v$ （7 - 8）

I_L 为冲刷坑范围内黏性土液性指数,适用范围为 0.16~1.48。

(2) Jones(2000)和 Shepard(1948)提出了沿海和内陆大型桥墩局部冲刷计算公式

$$\frac{D_s}{d_p} = c_2 \left(\frac{v_{uspb} - v}{v_{cr}} \right) + c_3 \qquad (7-9)$$

$$c_2 = (k - c_3) \left(\frac{v_{uspb}}{v_{cr}} - 1 \right)^{-1} \qquad (7-10)$$

$$c_3 = 2.4\tanh\left[2.18 \left(\frac{D}{d_p} \right)^{2/3} \right] \qquad (7-11)$$

$$k = \tanh\left[2.18 \left(\frac{D}{d_p} \right)^{2/3} \right]$$
$$\left[-0.279 + 0.049\exp\left(\lg\frac{d_p}{d_{50}} \right) + 0.78 \left(\lg\frac{d_p}{d_{50}} \right)^{-1} \right]^{-1}$$
$$(7-12)$$

式中,D_s 为桩柱极限冲刷深度(m);d_p 为桩径(m);D 为水深(m);v 为底部最大平均流速(m/s);v_{cr} 为泥沙临界起动流速(m/s);v_{uspb} 为垂线平均流速(m/s);d_{50} 为泥沙颗粒中值粒径(m)。

(3) 韩海骞等(2016)通过研究潮流作用下杭州湾大桥、金塘大桥、沥渚大桥的实测冲刷数据,结合水槽试验,经过量纲分析得到潮流作用下局部冲刷计算公式:

$$h_b = 8.48 k_1 k_2 B^{0.326} h^{0.193} u^{0.628} d_{50}^{0.167} \qquad (7-13)$$

式中,h_b 为潮流作用下桥墩最大局部冲刷深度(m);h 为水深(m);B 为全潮最大水深条件下基础平均阻水宽度(m);d_{50} 为海床泥沙的中值粒径(m);u 为全潮最大流速(m/s);k_1 为基础桩平面布置系数,条带型为 1.0,梅花型为 0.862;k_2 为基础桩垂直布置系数,直桩取 1.0,斜桩取 1.176。

(4) Chiew(1984)提出了基于流速的局部冲刷计算公式

$$\frac{S}{D} = 2.865 \frac{u}{u_c} - 1.332 \qquad (7-14)$$

式中，S 为局部冲刷深度（m）；u_c 为临界平均流速（m/s）；u 为流速（m/s）；D 为桩柱直径（m）。

以上水流为主的局部冲刷计算公式中，基本包含了影响局部冲刷的三大参数：水动力参数、底质参数和桩柱参数。

7.2 波浪局部冲刷深度计算公式

根据挪威船级社（DNV）海上风电设计规范建议的波浪作用下冲刷经验公式

$$\frac{S}{D} = 1.3\{1 - \exp[-0.03(KC - 6)]\} \qquad (7-15)$$

$$KC = U_{max} \frac{T}{D} \qquad (7-16)$$

式中，S 为桩柱冲刷深度（m）；D 为竖直桩柱的直径（m）；U_{max} 为近海床底部的水流最大速度（m/s）；T 为波周期（s）；KC 为 Keulegan-Carpenter number。在做简单估算时，可按 $1.3D{\sim}2.0D$ 估算最大冲刷深度。

7.3 水流、波浪局部冲刷深度计算公式

对于波流共同作用下桩柱局部冲刷计算公式，大部分是以水流公式为基础，考虑波浪动力影响，主要计算公式如下。

①许多学者在韩海骞等（2016）公式基础上将潮流流速叠加了波浪的附加流速，以进行波流共同作用的桩柱局部冲刷计算。根据《港口与航道水文规范》（2022 年修订），采用下式计算波浪水质点的垂线平均流速

$$V_2 = 0.2 \frac{H}{d} C \qquad (7-17)$$

式中，V_2 为波浪水质点的垂向平均流速（m/s）；H 为波高（m）；d 为水深（m）；C 为波速，$C = (gT/2\pi)\tanh(kd)$，k 为波数，$k = 2\pi/L$，L 为波长（m），g 为重力加速度（m/s²），T 为波周期（s）。

②王汝凯（1983）在波浪水流槽中做了普遍冲刷试验和桩周围局部冲刷试验。通过量纲分析得到了相对冲刷深度 $\frac{h_b}{h}$ 的经验关系为

$$\lg \frac{h_b}{h} = -1.2935 + 0.1917 \lg \beta \qquad (7-18)$$

$$\beta = \frac{V^3 H^2 L \left[V + \left(\frac{1}{T} - \frac{V}{L} \right) \frac{HL}{2h} \right]^2 D}{\frac{\rho_s - \rho_0}{\rho_0} g^2 v d_{50} h^4} \qquad (7-19)$$

式中，h_b 为不计普遍冲刷深度的最大冲刷深度（m）；h 为水深（m）；H 为波高（m）；V 为水流流速（m/s）；L 为波长（m）；T 为波周期（s）；D 为桩直径（m）；ρ_s 为泥沙颗粒密度（kg/m³）；ρ_0 为水的密度（kg/m³）；g 为重力加速度（m/s²）；v 为水体运动黏滞系数（m²/s）；d_{50} 为泥沙中值粒径（mm）；β 为反映波流动力因素和泥沙、管径的综合参数。

③Sumer 等（2001）得到波流共同作用下局部冲刷公式

$$\frac{S}{D} = \frac{S_c}{D} \left\{ 1 - \exp \left[-A(KC - B) \right] \right\} \qquad (7-20)$$

$$A = 0.03 + \frac{3}{4} U_{cw}^{2.6} \qquad (7-21)$$

$$B = 6\exp(-4.7 U_{cw}) \qquad (7-22)$$

式中，S_c 为单独水流作用下冲刷深度（m）；S 为桩基冲刷深度

（m）；D 为桩基直径（m）；$KC = \dfrac{U_m T_w}{D}$，其中，U_m 为海底水质点轨迹速度最大值（m/s），T_w 为波周期（s）；U_{cw} 为水流导致的流速点波流共同作用形成流速的比例。

（4）Raaijmakers 等（2008）提出新的局部冲刷经验公式

$$S = 1.5D\tanh\left(\frac{h_w}{D}\right) K_w K_h \qquad (7-23)$$

$$K_h = \left(\frac{h_p}{h_w}\right)^{0.67} \qquad (7-24)$$

$$K_w = 1 - \exp(-A) \qquad (7-25)$$

$$A = 0.012KC + 0.57KC^{1.77} U_{cw}^{3.67} \qquad (7-26)$$

式中，S 为冲刷深度（m）；D 为竖直墩柱的直径（m）；h_w 为水深（m）；K_w 为波浪运动修正因子；K_h 为桩柱修正因子；h_p 为桩柱深度（m）。

总体上，大部分公式反映的波浪在桩柱局部冲刷过程中并非起主导作用。对于波流共同作用下桩柱局部冲刷，根据张磊等（2017）在波流共同作用下局部冲刷试验的研究成果，波流局部冲刷产生的冲刷深度仅在潮流冲刷基础上增加 22% 左右。

7.4 最大冲刷半径计算公式

挪威船级社（DNV）海上风电最大冲刷半径估算公式

$$r = \frac{B}{2} + \frac{h_b}{\tan\varphi} \qquad (7-27)$$

式中，r 为最大冲刷半径（m）；B 为全潮最大水深条件下平均阻水宽度（墩宽或桩径）（m）；h_b 为最大冲刷深度（m）；φ 为泥沙休止角。

从土力学角度计算泥沙水下休止角 φ，采用基于概化的楔入堆积模式推导得到的公式(詹义正 等，1996)如下：

$$f = \tan\varphi = \frac{9 + 6\sqrt{2}}{2\pi} \frac{\gamma'}{\gamma_s} - \frac{\sqrt{2}}{2} \qquad (7-28)$$

式中，γ' 为泥沙干容重(kg/m^3)；γ_s 为泥沙颗粒容重(kg/m^3)。

泥沙干容重 γ' 依据丹江口水库和室内资料的研究成果，公式如下：

$$\frac{\gamma'}{\gamma_s} = \begin{cases} 0.52\left(\dfrac{d}{d+4\delta}\right)^3 & d < 1 \text{ mm} \\ 0.70 - 0.18e^{-0.095\frac{d-d_0}{d_0}} & d > 1 \text{ mm} \end{cases} \qquad (7-29)$$

式中，d 为泥沙粒径(mm)；δ 为薄膜水的厚度，取 $4\times10^{-4}mm$；d_0 为参考粒径，取 1 mm。

从物理模型试验结果看，风电机组单桩局部明显冲刷范围基本为桩径的 $1.2\sim1.8$ 倍。

第8章 风机基础局部冲刷防护

8.1 常见冲刷防护方法

若海上风电基础桩基局部冲刷较大，对桩基周围的局部冲刷采取一定的防护措施是非常必要的。在海洋工程实践及国内外研究中，最为常见的海底结构物防冲刷措施有消能减冲和护底抗冲等(高正荣 等，2005)。

消能减冲的措施之一是在基础桩基上、下游设置防护桩群，削减流速，将冲刷坑位置前移，从而减小基础范围内的冲刷深度。护底抗冲措施是利用抛石、沙枕、沙袋、软体排等结构物对桥墩基础及周围进行防护，这是目前应用较多的一种措施。主要局部防冲刷措施如下。

(1)抛石防护

抛石防护是一种主要的局部冲刷防护工程措施，其工作原理是抛石可以对床沙起保护作用，增加床沙起动或扬动所需的流速。

早期比较普遍的冲刷防护手段就是采用抛石防护，而对于抛石大小及不同粒径组合的防护效果都有专门的研究。

块体滑动先于滚动，优先考虑块体在水平底面上的滑动平衡条件。如图 8.1 所示，在水流流速 V 的作用下，水中块体的稳定条件是：

$$F_d \leqslant (F_w - F_f)\tan\phi \qquad (8-1)$$

式中，F_d 为水流 V 所产生的拖曳力（N）；F_w、F_f 分别为块石重力和浮力；$(F_w - F_f)\tan\phi$ 为水中块体所产生的摩阻力（N），$\tan\phi$ 为底摩擦系数，ϕ 为摩擦角，用休止角表示，通常为 $30°\sim40°$。

拖曳力可用下式表示：

$$F_d = C_d\gamma \cdot K_1 d^2 \frac{V^2}{2g} \qquad (8-2)$$

水中块体对床面正压力为

$$F_w - F_f = K_2 d^3 \gamma(s-1) \qquad (8-3)$$

式中，C_d 为拖曳力阻力系数；$K_1 = f(S_p \cdot Re)$，为与石块形状及雷诺数有关的函数；K_2 为石块体积常数；s 为石块的相对密度；γ 为水的容重（kg/m^3）；d 为石块直径（m）；V 为水流流速（m/s）；g 为重力加速度（m/s^2）。将式（8-2）和式（8-3）代入式（8-1），可得抛石体上的石块脱离平衡状态而产生滑动的最小流速为

$$V_{min} = \sqrt{\frac{K_2}{C_d K_1}2gd(s-1)\mathrm{tg}\phi} = y_c\sqrt{2gd(s-1)} \qquad (8-4)$$

式中，y_c 为滑动稳定系数。

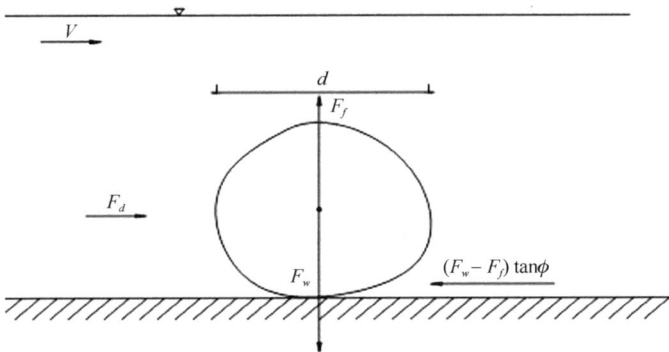

图 8.1　水流作用下块体受力示意

（2）扩大风电桩基基础防护

扩大风电桩基基础防护是指在施工阶段先将钢围堰埋入河床面以下一定深度，再进行下部桩基施工，基础施工完成后在床面以上预留一定高度封顶，然后在顶面上放置风电桩基的防护工程措施。该防护方法的主要工作原理是利用扩大风电桩基基础的顶面消杀墩前下降水流的淘刷力。

（3）混凝土模袋和混凝土铰链排防护

混凝土模袋是利用高强化纤材料编织成双层并能控制一定间距的袋体。混凝土模袋防护是指在模袋内部充填混凝土（或砂浆），使之形成一个刚性的板状防冲块体，并能适应地形变化而紧贴在岸坡或河床上，从而起到抗冲刷作用的混凝土类防护技术；混凝土铰链排防护是利用铰链将混凝土板块连接起来而形成的防护实体。

（4）护圈防护

护圈防护方法是典型的削能减冲防护方法。它是通过利用护圈顶面阻挡和消杀下降水流，减小漩涡强度的原理进行防护。图8.2为护圈防护方法（Dey，2006b）示意。

（5）护坦减冲防护

采用适当的埋置深度、宽度的护坦以达到既安全又经济的防护目的。

（6）裙板防冲防护

桩基周围采用裙板起到扩大沉垫底部面积的作用，将冲刷坑向外推延。

（7）沙袋软体排

沙袋软体排是在桩基局部冲刷范围内布置沙袋，并覆盖软体排，形成一体防护措施。该措施可有效防护局部冲刷。

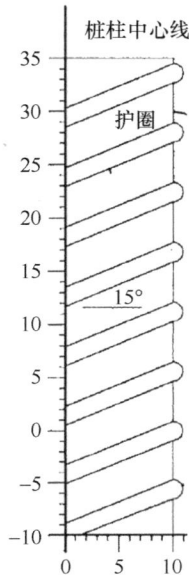

图 8.2 护圈防护方法示意

（8）新型防冲刷保护系统

丹麦水利研究所（DHI）和 LIC 工程公司（Low Impact Construction Ltd）设计了新型防冲刷保护系统，预计最多可节省 30% 的安装成本。该防冲刷保护系统的安装通常分为两个阶段：第一阶段，在单桩基础周围敷设过滤层，该过滤层由细粒材料组成；第二阶段，在过滤层顶部敷设直径较大的岩石材料防护层。

（9）生态防护技术

近年来，随着技术发展及观念变化，仿生生态海底防冲刷技术（刘锦昆 等，2009）得到研究。张磊等（2018）基于物理模型试验研发了尤其适合海上桩柱基础的生态防护技术，该技术方法采用环保材料，制作简单，施工方便。

（10）固化土

淤泥固化是一种复合实用型材料固化新技术，淤泥中水分与固化剂接触，发生水化、水解反应，生成水化产物和胶凝物质。采用固化土护底结构进行冲刷防护，是通过淤泥固化土的饱和性、较强的水稳定性、防冲刷性（无侧限抗压强度不小于400 kPa）、整板性和边界延展性形成护底结构。

局部冲刷防护措施是建立在海域地形变化相对稳定的基础上，仅适用于基础桩柱局部防冲刷。

8.2 冲刷防护试验案例

以单桩结构为例，进行局部冲刷防护试验研究，海域情况与试验设计与6.3节案例一致。

8.2.1 单桩防冲设计方案

为保护单桩基桩周围的安全，设计单桩防冲刷方案。各种防护材料中，袋装砂贴着单桩周围，在块石与基桩之间起缓冲作用，联锁块软体排与块石之间为袋装级配石。

防冲刷方案涉及材料尺寸及防护范围如下。

①块石：单块重量大于60 kg，抛石厚0.50~1.50 m。

②袋装砂：袋子尺寸大于1.60 m×1.60 m×0.60 m。

袋装级配石：粒径范围为3~25 cm，其中3~10 cm占50%，10~25 cm占50%，袋装级配石厚度大于0.50 m。

③混凝土联锁块软体排：混凝土联锁块50 cm×50 cm×30 cm，软体排采用5 cm宽丙纶加筋带和500 g/m² 的针刺复合土工布。

④防护范围：设计防护范围最小为单桩外围20.00 m。

8.2.2 设计方案冲刷验证试验

根据单桩局部冲刷试验结果,在冲刷坑形成条件下进行防冲刷试验。根据冲刷-1.00 m 等深线最远距离确定防护半径为12.50 m,小于设计方案,模型中为0.25 m。模型试验中土工布厚约2.0 mm,袋装砂按装满46%左右重的沙,块石选用0.48 g、1.30 g、2.65 g、21.20 g 和169.60 g 五种重量,前四种碎石粒径均为20.0 mm,169.60 g 碎石粒径约为40.0 mm。

图8.3 和图8.4 为设计防护方案实施后单桩周围冲刷情况。从试验过程及试验结果来看:

图8.3 防护方案实施后单桩周围冲刷情况(一)

(白色石块:0.48 g,绿色石块:1.30 g)

①冲刷试验前后,各层防护材料未发生明显移动,0.48 g、1.30 g、2.65 g、21.20 g 和169.60 g 碎石均未发生明显移动、翻滚。防冲方案整体效果稳定。

图 8.4　防护方案实施后单桩周围冲刷情况(二)

(绿色石块：1.30 g，黄色石块：2.65 g)

②防冲设计方案落实后，能有效防护桩基受到进一步冲刷。

总体认为，单桩防冲设计方案能有效防护桩基冲刷，单桩外围 12.5 m 防护范围已经起到很好的效果。

第9章 冲刷影响评价及展望

海上风电基础附近泥沙冲淤变化是一个复杂的综合性研究课题，涉及学科范围广（海岸动力学、泥沙运动学等）。本书主要聚焦海上风电基础海域底床普遍冲淤、局部冲刷及冲刷防护的工程应用研究，海上复杂动力条件下的风电基础局部冲刷机理方面仍有较多不足，需要开展大量细致的室内试验和现场观测研究。

9.1 评价依据及内容方法

对海洋工程所涉海洋地形地貌与冲淤环境评价，主要依据《海洋工程环境影响评价技术导则》（GB/T 19485—2014）。海洋工程中的风电工程还有单独的评价规范——《海上风电工程环境影响评价技术规范》。

依据《海上风电工程环境影响评价技术规范》，海上风电项目各环境要素环境影响评价内容及等级中（见表 9.1，表 9.2），海上风电机组工程"海洋地形地貌与冲淤环境"为必选环境影响评价内容。海上风电项目所有工程类型总占海面积超过 50×10^4 m² 以上的或严重改变海岸线、滩涂、海床自然性状和产生较严重冲刷、淤积的工程项目，评价等级为 1 级；海上风电项目所有工程类型总占海面积为 $(30 \sim 50) \times 10^4$ m² 的或较严重改变岸线、滩涂、海床自然性状和产生冲刷、淤积的工程项目，评价等级为 2 级；

海上风电项目所有工程类型总占海面积为 $(20 \sim 30) \times 10^4 \ m^2$ 的或有改变海岸线、滩涂、海床自然性状和产生较轻微冲刷、淤积的工程项目，评价等级为3级。

1级、2级评价项目应进行海洋地形地貌与冲淤环境影响预测与评价；3级评价项目可进行海洋地形地貌与冲淤环境影响分析评价。

1级、2级评价项目应预测海上风电机组基础工程对海岸、滩涂、海底地形地貌、海域冲刷与淤积的影响，并分析评价其产生的影响和程度。1级评价项目应重点对工程所在海域形态(包括海岸、滩涂、海床等地形地貌)及冲刷与淤积、泥沙运移与变化趋势等的影响进行预测分析和评价，并定量给出影响范围和程度。

1级、2级评价项目一般采用数值模拟法，预测海上风电项目所在海域及机组基础工程对海底地形地貌、海域冲刷与淤积的影响。

表9.1 海上风电项目各环境要素环境影响评价内容

海上风电项目工程类型	海洋环境影响评价内容									
	海洋水质环境	海洋沉积物环境	海洋生态			海洋水文动力环境	海洋地形地貌与冲淤环境	声环境(水下和水上)	电磁环境	环境风险
			海洋生物生态	鸟类生态	景观					
海上风电机组工程	★	★	★	★	☆	★	★	★	☆	★
海底电缆工程	★	★	★			☆	☆		☆	★
升压变电站工程	☆	☆	☆	☆	☆	☆	☆	☆	★	★
填海造地工程	★	★	★	☆		★	★	☆		★

注：★为必选环境影响评价内容，☆为依据建设项目具体情况可选环境影响评价内容。当升压变电站工程位于海域时，应将海水水质环境、海洋沉积物环境、海洋生物生态、海洋水文动力环境、海洋地形地貌与冲淤环境列为必选评价内容。

108

表 9.2 海上风电项目海洋地形地貌与冲淤环境影响评价等级判据

评价等级	工 程 类 型
1	海上风电项目所有工程类型总占海面积超过 50×10^4 m^2 以上的或严重改变海岸线、滩涂、海床自然性状和产生较严重冲刷、淤积的工程项目
2	海上风电项目所有工程类型总占海面积为 $(30 \sim 50) \times 10^4$ m^2 的或较严重改变岸线、滩涂、海床自然性状和产生冲刷、淤积的工程项目
3	海上风电项目所有工程类型总占海面积为 $(20 \sim 30) \times 10^4$ m^2 的或有改变海岸线、滩涂、海床自然性状和产生较轻微冲刷、淤积的工程项目

9.2 展望

9.2.1 风机基础海床冲刷研究

我国海岸线南北跨度大,不同海域的潮流和波浪条件差异较大。此外,受动力条件和泥沙来源等多种因素的影响,海床泥沙条件非常复杂,存在淤泥质、砂质、粉砂质及不同成分组合的复合底质类型。由潮流、波浪和风海流组成的海流体系深刻影响着海域泥沙运动,一些海域泥沙活动性特别强,特别是以淤泥质、粉砂质和细砂为主的砂质海域,更需要关注海上风电基础海床的整体冲淤态势以及局部冲刷问题。现阶段,对于潮流、波浪、风海流作用下海床变化较大的海域,采用数学模型很难精确模拟预测复杂的地形冲淤变化和局部冲刷过程,物理模型是更为有效和可靠的研究手段。

虽然我们已经有数值模拟法和物理模型试验法两种手段来进

行水动力和地形冲淤变化的研究，但仍需进一步完善泥沙运动机理的研究来提高这两种模拟手段的精度。对于一些复杂的风电机组桩基冲刷影响评价，还有大量的研究工作需要开展。

在海上风电建设工程中，除了风电基础，其他一些辅助设施也会影响水动力及泥沙运动，如升压站、海缆路由埋深铺设过程等，这些都需要引起相关方面的重视。

9.2.2 风机基础防护研究

海上风电基础结构的局部冲刷防护，主要借鉴了桥梁桩基消能减冲和护底抗冲的经验手段。这些措施主要是削弱构筑物附近的动力和加强底床抗冲刷能力，但工程措施通常具有造价高、施工工序复杂、周期长、投资大、不环保等特点。

近年来，出现了针对海上风机基础本身的冲刷防护研究，即在基础结构设计时，基础结构本身就具备弱化水流冲刷泥沙的能力，可以说是主动防护设计；还有利用环保材料进行的生态防护措施。以这些研究为代表的探索性新型防护技术，提出了结构简单、施工方便，且能针对风机基础起到良好防冲刷作用的技术手段，希望能在实践中得到更多的应用和检验。

参考文献

布拉德利 J N，1980. 桥梁河道水力学[M]. 郑华谦，译. 北京：人民交通
　　出版社.

陈达，2014. 海上风电机组基础结构[M]. 北京：中国水利水电出版社.

陈玉璞，王惠民，2013. 流体动力学[M]. 2 版. 北京：清华大学出版社.

窦国仁，1999. 再论泥沙起动流速[J]. 泥沙研究(6)：1-9.

高正荣，黄建维，卢中一，2005. 长江河口跨江大桥桥墩局部冲刷及防护研
　　究[M]. 北京：海洋出版社.

高宗军，冯建国，2016. 海洋水文学[M]. 北京：中国水利水电出版社.

韩海骞，熊绍隆，孙志林，2016. 潮流作用下桥墩局部冲刷深度计算公式的
　　建立与验证[J]. 泥沙研究(1)：9-13.

洪大林，2005. 粘性土起动及其在工程中的应用[M]. 南京：河海大学出
　　版社.

金腊华，石秀清，1990. 讨论模型沙的水下休止角[J]. 泥沙研究(3)：
　　87-93.

刘家驹，2009. 海岸泥沙运动研究及应用[M]. 北京：海洋出版社.

刘锦昆，张宗峰，2009. 仿生水草在海底管道悬空防护中的应用[J]. 石油
　　工程建设，35(3)：20-22.

陆浩，高冬光，1992. 桥梁水力学[M]. 北京：人民交通出版社.

陆忠民，2016. 风电场环境影响评价[M]. 北京：中国水利水电出版社.

毛昶熙，周名德，柴恭纯，1995. 闸坝工程水力学与设计管理[M]. 北京：
　　水利电力出版社.

邱颖宁，李晔，2018. 海上风电场开发概述[M]. 北京：中国电力出版社.

曲立清，周益人，杨进先，2006. 波流共同作用下大型桥墩周围局部冲刷实验研究[J]. 水运工程(4)：23-27.

沈庆，陈徐均，关洪军，2008. 海岸带地理环境学[M]. 北京：人民交通出版社.

石学法，2012. 中国近海海洋：海洋底质[M]. 北京：海洋出版社.

孙湘平，2012. 关注海洋：中国近海及毗邻海域海洋知识[M]. 北京：中国国际广播出版社.

汤虎，2012. 冲刷对海洋平台桩基水平承载性能影响的研究[D]. 武汉：武汉理工大学.

唐存本，1963. 泥沙起动规律[J]. 水利学报(2)：1-12.

唐存本. 张思和，1998. 西江龙圩水道整治试验分析研究(二)——河工模型试验[J]. 水利水运科学研究(4)：11-30.

王昌杰，2001. 河流动力学[M]. 北京：人民交通出版社.

王汝凯，1983. 神仙沟(桩11)建油港的冲淤问题[J]. 港口工程，4(2)：32-37.

王伟，杨敏，2014. 海上风电机组地基基础设计理论与工程应用[M]. 北京：中国建筑工业出版社.

王颖，朱大奎，1980. 中国海岸类型及其分区[J]，海洋学报(中文版)：2(2)：1-11.

王永红，2012. 海岸动力地貌学[M]. 北京：科学出版社.

吴持恭，1979. 水力学[M]. 北京：人民教育出版社.

吴宋仁，2000. 海岸动力学[M]. 北京：人民交通出版社.

许移庆，张友林，2020. 漂浮式海上风电发展概述[J]. 风能(5)：56-61.

严新荣，张宁宁，马奎超，等，2024. 我国海上风电发展现状与趋势综述[J]. 发电技术，45(1)：1-12.

詹义正，谢葆玲，1996. 散体泥沙的水下休止角. 水电能源科学(1)：56-59.

张磊，佘小建，崔峥，等. 2017. 水流和波浪对局部冲刷影响模型试验研究[C]//中国海洋学会海洋工程分会. 第十八届中国海洋(岸)工程学术讨论会论文集(下). 北京：海洋出版社.

张磊，佘小建，2011. 环行桩群加承台基础结构局部冲刷试验研究[J]. 长江科学院院报，28(11)：10-13.

张磊，徐啸，2018. 海洋构筑物防冲刷方法：201610226357.0[P].

张亮，李云波，2001. 流体力学[M]. 哈尔滨：哈尔滨工程大学出版社.

朱嵘华，王恒丰，陈鹏宇，等，2024. 海上风电基础仿生草防冲刷试验[J]. 中国海洋平台，39(1)：80-84.

左东启，1984. 模型试验的理论和方法[M]. 北京：水利电力出版社.

服部昌太郎. 川又良一，1978. 碎波带内の海浜変形過程[C]. 第24回海岸工程讲演会论文集. 218-222.

AIRY G B, 1845. Tides and Waves[M]. London：B. Fellowes.

BATTJES J A, 1974. Surf Similarity[M]//Coastal Engineering 1974. Reston：ASCE, 466-480.

CHIEW Y M, 1984. Local scour at bridge piers[D]. Auckland：University of Auckland.

DEY S, BARBHUIYA A K, 2006a. Velocity and turbulence in a scour hole at a vertical-wall abutment-ScienceDirect[J]. Flow Measurement & Instrumentation. 17(1)：13-21.

DEY S, SUMER B M, FREDSØE J, 2006b. Control of scour at vertical circular piles under waves and current[J]. Journal of Hydraulic Engineering, 132(3)：270-279.

DOUGLAS J F, GASIOREK J M, SWAFFIELD J A, 1992. 流体力学[M]. 汤全明，译，北京：高等教育出版社.

EADIE IV R W, HERBICH J B, 1986. Scour about a single, cylindrical pile due to combined random waves and a current[M]//Coastal Engineering 1986. Reston：ASCE, 1858-1870.

FOLK R L, WARD W C, 1957. Brazos River bar：a study in the significance of grain size parameters[J]. Journal of Sedimentary Petrology, 27(1)：3-26.

FOTHERBY L M, JONES J S, 1993. The influence of exposed footings on pier scour depths[C]//Hydraulic Engineering. Reston: ASCE, 922-927.

HARTVIG P A, 2011. Scour Forecasting for Offshore Wind Parks[D]. Aalborg: Aalborg Universitet.

INMAN D L, 1952. Measures for describing the size distribution of sediments[J]. Journal of Sedimentary Research, 22(3): 125-145.

JONES J S, SHEPPARD D M, 2000. Scour at wide bridge piers[C]//Proceedings of Joint Conference on Water Resource Engineering and Water Resources Planning and Management. Minneapolis: [s. n.]. 2000.

KRUMBEIN W C, 1936. Application of logarithmic moments to size-frequency distributions of sediments[J]. Journal of Sedimentary Research, 6(1): 35-47.

OLSON R M, 1961. Essentials of engineering fluid mechanics[M]. Scranton: International Textbooks.

OSEEN C W, 1910. Uber die Stokes' sche Formel und Uber eine verwandte Aufgabe in der Hydrodynamik[J]. Arkiv för Matematik, 6: 1.

OTTO G H, 1939. A modified logarithmic probability graph for the interpretation of mechanical analyses of sediments[J]. Journal of Sedimentary Research, 9(2): 62-76.

RAAIJMAKERS T, RUDOLPH D, 2008. Time-dependent scour development under combined current and waves conditions-laboratory experiments with online monitoring technique[C]//Proceedings 4th International Conference on Scour and Erosion (ICSE-4). Tokyo: The Japanese Geotechnical Societ, 152-161.

SHEPARD F P, 1948. Classification of Shorelines of the World[J]. Geographical Review, 38(1): 21-34.

SOLBERG T, HJERTAGER B H, BOVE S, 2006. CFD modelling of scour around offshore wind turbines in areas with strong currents[R]. Aalborg: Aalborg University Esbjerg.

STOKES G G, 1851. On the effect of the internal friction of fluids on the motion of pendulums[J]. Transactions of the Cambridge Philosophical Society, 9: 8.

SUMER B M, FREDSØE J, CHRISTIANSEN N, 1992. Scour around vertical pile in waves[J]. Journal of Waterway, Port, Coastal, and Ocean Engineering, 118 (1): 15-31.

SUMER B M, FREDSØE J, 2001. Scour around pile in combined waves and current[J]. Journal of Hydraulic Engineering, 127(5): 403-411.

VALENTIN H, 1952. Die Formen der Küsten[J]. Zeitschrift für Geomorphologie, 4(2): 121-148.